著者简介

谢里·巴尔加瓦

博士，印度拉夫里科技大学电气与电子工程学院VLSI领域副教授兼主任。拥有超过15年的教学和研究经验。获得印度IKGPTU电子与通信工程博士学位、塔帕大学VLSI设计与CAD硕士学位，以及库尔克什特拉大学电子与仪器学士学位。全印度GATE考试第428名。

在SCI、Scopus期刊和国际会议上发表了约50篇研究论文，出版了12本与可靠性、人工智能和数字电子学相关的书籍，版权登记3项，申请专利20项。曾获得多项国家和国际奖项，被评为工程学杰出教师和优秀研究人员。

多个知名SCI和Scopus期刊的积极审稿人和编委成员，IET、IAENG、NSPE、IAOP、WASET和可靠性研究小组的终身会员。

专业领域包括电子系统可靠性、数字电子学、VLSI设计、人工智能及相关技术。

高拉夫·马尼·卡纳尔

博士，罗马托尔维加塔大学电子工程系DSP-VLSI实验室博士后研究员。获得罗马托尔维加塔大学（意大利）电子工程学博士学位（忆阻器和忆阻系统设计与制造）、都灵理工大学（意大利）无线系统及相关技术硕士学位、利物浦约翰摩尔斯大学（英国）微电子与系统设计硕士学位。

在2D材料特别是ZnO-石墨烯及其基于复合材料的低功耗半导体电子器件（理论和制造）、忆阻器/电阻切换器件建模、制造（旋涂和浸涂）和表征（XRD、SEM、EIS）方面具有出色的见解。具有使用Pspice、MATLAB、ModelSim、Tanner和Knowledge VerilogHDL等工具进行数字系统设计的工作经验，同时也具有Arduino、Xilinx Spartan FPGA和R-pi板的应用开发实践经验。

译者简介

慕意豪

本科毕业于山东大学，研究生毕业于南洋理工大学。

阿里云专家博主，CSDN 2022年全站博客之星TOP13。

专注于数字集成电路IP/SoC设计领域，如果想和译者进一步交流，可以在"CSDN/知乎"搜索"张江打工人"私信译者，也可以发送疑问至muyihao1351@foxmail.com。

献给我的父母、丈夫和可爱的女儿 Mishty&Mauli

——谢里·巴尔加瓦

献给我的父母、妻子和女儿 Gaurisha

——高拉夫·马尼·卡纳尔

数字IC设计工程师丛书

先进VLSI技术

中后端面试精选455问

〔印〕谢里·巴尔加瓦　高拉夫·马尼·卡纳尔　著

慕意豪　译

科学出版社

北　京

图字：01-2024-5415号

内 容 简 介

本书详细介绍VLSI设计和制造的基本原理，内容涵盖VLSI设计中的多个关键领域，如静态时序分析、CMOS设计和布局、物理设计自动化、VLSI电路测试，以及FPGA原型设计和ASIC设计中使用的工具。章末附有中端和后端面试经典问题及解答，可帮助读者更好地理解和应用VLSI设计知识。

本书适合数字IC设计工程师阅读，也可作为高等院校微电子、自动化、电子信息等相关专业师生的参考用书。

图书在版编目（CIP）数据

先进VLSI技术：中后端面试精选455问 ／（印）谢里·巴尔加瓦 (Cherry Bhargava)，（印）高拉夫·马尼·卡纳尔著；慕意豪译. -- 北京：科学出版社，2025. 1.（数字IC设计工程师丛书）. -- ISBN 978-7-03-080012-1

Ⅰ．TN47

中国国家版本馆CIP数据核字第2024H4U257号

责任编辑：杨 凯／责任制作：周 密 魏 谨
责任印制：肖 兴／封面设计：杨安安

科 学 出 版 社 出版
北京东黄城根北街16号
邮政编码：100717
http://www.sciencep.com

北京九天鸿程印刷有限责任公司印刷
科学出版社发行 各地新华书店经销

*

2025年1月第 一 版 开本：787×1092 1/16
2025年1月第一次印刷 印张：11 1/2
字数：217 000

定价：68.00元
（如有印装质量问题，我社负责调换）

前　言

随着技术的不断进步，市场对成本低廉且可靠的系统的需求呈指数级增长。半导体技术的飞速进展已使低成本、体积小且速度快的系统能够匹敌超级计算机的性能，这种高效紧凑的系统设计如今在各个领域都得到了广泛应用。在数字设计领域，工程师们可以利用各种 EDA（电子设计自动化）工具，在越来越小型化的设备上设计出既快速又强大的电路，例如 ASIC（专用集成电路）和 SoC（片上系统），这些电路是集成了数字技术与模拟技术的复杂混合信号电路。

VLSI 技术在现代电子设备和系统中发挥着重要作用，对 VLSI 工程师的需求也一直居高不下。VLSI 技术使得设计者能够在单一芯片上集成多个功能模块，如处理器、存储器和控制逻辑等，以实现更为复杂的电路功能。企业在 VLSI 领域的岗位通常分为三个主要类别：前端设计（包括 RTL 设计、微架构、功能验证、综合等）、后端设计（涵盖布局规划、布局和布线、时序和时钟树综合等）及硅后验证和测试（包括硬件和软件框架的设计，以及实验室中用于硅测试的测试生成）。

本书的编写旨在揭开硬件设计的神秘面纱，为软件工程师提供硬件设计的深入见解，同时也为学生和研究人员提供 VLSI 设计及相关技术的清晰指导。书中采用了先进的工具和技术，系统地介绍了集成电路设计和开发的基础知识。

本书共分 5 章，涵盖先进 VLSI 设计的所有子领域，总结了相关技术的最新概念，提供了与该特定技术相关的面试问题及解答。

第 1 章通过引入各种时序路径和违例来验证设计的静态时序性能是否满足需求，并简要介绍时钟和亚稳态的相关概念，章末附有相关面试问题及解答。

第 2 章简要介绍基于 CMOS 技术的各种布局和设计规则，描述棍棒图的规则，章末附有相关面试问题及解答。

第 3 章解释如何在单个芯片上对各种组件进行布局布线操作，以优化设计参数，章末附有相关面试问题及解答。

第 4 章使用各种测试模式和技术对 VLSI 芯片进行测试，描述固定故障以及可控性的概念。

第 5 章是杂项，汇总了电子技术相关的面试问题及解答。

附录部分给出数字电路 IC 型号，以及 Verilog HDL 中使用的关键字、系统任务和编译器指令列表。

致　谢

在深入主题之前，我想向那些始终如一支持我的人们表达深深的感激之情。

我要向我的学生表达诚挚的感谢，是他们激发了我创作一本更贴合需求的教材的灵感。同时，我也要向支持我的家人致以最高的敬意，他们无私的支持是我全身心投入本书创作的不竭动力。

此外，我要向那些在我从构思至完成整个创作的过程中给予帮助的朋友和学者们表达深深谢意。

目　录

第 1 章　静态时序分析

静态时序分析（STA）是一种验证设计时序是否满足要求，而无需模拟整个电路的仿真方法。

高性能集成电路传统上以其工作频率为特征。为了衡量电路在指定速度下运行的能力，需要在设计过程中测量其在多个步骤中的延迟能力。静态时序分析在促进电路时序的快速和相对准确的测量中，发挥着至关重要的作用。

1.1 时序组件

时序组件是电子设备中最普遍的组件之一，几乎每个复杂设计都需要它们，没有它们，我们的电子设备将无法正常工作。基本的时序组件包括时钟信号、石英晶体、晶体振荡器、时钟发生器、时钟频率、时钟倍频器、时钟树、时钟相位、时钟门控、时钟抖动、时钟延迟等。

1. 时钟信号

在电子学中，特别是在同步数字电路中，时钟信号是一种在高电平和低电平之间振荡的特定类型信号，该信号就像一个节拍器，用于协调数字电路的动作序列。

时钟信号可以通过不同的方式产生，但它们都发源于晶体谐振器。晶体谐振器通常被称为晶振。晶振的工作原理是，将电压施加到晶振的电极上，晶振的晶格结构发生弯曲变形，石英晶体因为结构变形而产生一定的电荷，电荷量的增加使其产生振动，从而输出稳定的频率信号，该信号即为时钟信号。

时钟信号是用于触发时序逻辑器件的信号。

2. 石英晶体

石英晶体是将一整块石英按照一定的切割方式切割成石英晶片，再在石英晶片表面涂银，并将其安装在金属板上。石英晶体的物理尺寸和形状必须精确切割，因为尺寸和形状决定了晶体产生的振荡频率。

一旦晶体被切割成型，就不能在其他频率下使用。石英晶体常用作晶振的材料，因为石英晶体产生的频率能抵抗温度变化。如果使用电阻和电容组成内部振荡器，则温度变化会影响振荡器的行为，导致输出频率发生变化。

3. 晶体振荡器

晶体和振荡电路组合在同一个封装中时，通常称为晶体振荡器。晶体振荡器是一种电子振荡电路，利用压电材料的机械谐振来产生具有精确频率的电信号。

晶体振荡器具有正弦输出，通常使用在目标芯片中具有内部定时功能的集成振荡器或片上锁相环（PLL）。

晶体振荡器最常见的输出是占空比为 50% 的方波。通常，该时钟信号被固定在一个恒定的频率上，时序组件响应于该时钟信号，在每个时钟周期的上升沿或下降沿变为活动状态。

4. 时钟发生器

时钟发生器是一种电子振荡电路，产生时钟信号，用于同步电路。时钟发生器将振荡器与一个或多个 PLL、输出分频器和输出缓冲器组合在一起。当需要多个频率，并且目标集成电路都在同一板上或同一 FPGA 中时，时钟发生器和时钟缓冲器非常有用。

在一些应用中，FPGA/ASIC 有用于"数据路径""控制路径"和"内存控制器接口"的多个时钟域，因此需要多个独特的参考频率。在大多数情况下，振荡器位于时钟发生器的外部，但是为了减少材料成本和复杂性并获得其他优势，将振荡器与时钟发生器合并到同一封装中变得越来越普遍。

时钟发生器有许多不同类型，每种都针对不同性能和成本等进行了优化，具体的优化方向取决于应用场景。

5. 时钟频率

时钟频率通常指处理器的时钟发生器可以生成脉冲的频率，这些脉冲用于同步其组件的操作，并用作处理器速度的指标，以每秒的时钟周期或其等效单位赫兹（Hz）来衡量。

6. 时钟倍频器

许多现代微型计算机使用时钟倍频器，将较低频率的外部时钟乘以微处理器的适当时钟倍率，使 CPU 能够以比计算机其他部分更高的频率运行，在CPU 不需要外部因素（如内存或输入 / 输出）的情况下，获得性能增益。

7. 时钟树

时钟信号在物理设计中的实现结果被形象地称之为时钟树，时钟树将时钟信号从一个共同点分配给所有需要的元素，使每个元素都几乎同时接收到时钟信号。

8. 时钟相位

大多数复杂的集成电路（IC）使用时钟信号来同步电路的不同部分，其循环速度比最坏情况下的内部传播延迟要慢。在某些情况下，执行可预测操作需要多个时钟周期。随着集成电路变得越来越复杂，向所有电路提供准确同步的时钟的问题变得越来越困难。这种复杂芯片的卓越示例是微处理器，它是现代计算机的核心组件，依赖于晶体振荡器提供的时钟。

（1）单相时钟：所有时钟信号都在 1 根导线上有效地传输。

（2）双相时钟：同步电路中时钟信号分布在 2 根线上，每根线都有不重叠的脉冲。一般情况下，一根线称为"相位 1"或"$\phi1$"，另一根线携带"相位 2"或"$\phi2$"信号。

（3）四相时钟：一些早期集成电路使用四相逻辑，需要四相时钟输入，由四个独立的、不重叠的时钟信号组成。

9. 时钟门控

时钟门控是许多同步电路中使用的一种流行技术，用于减少动态功耗。时钟门控通过向电路添加更多逻辑来修剪时钟树，以便节省功耗。"修剪时钟"会禁用电路的某些部分，使其中的触发器不必切换状态，而切换状态会消耗功耗。当不进行切换时，动态功耗将降至零，只会产生静态功耗，如漏电流产生的功耗就是静态功耗。时钟门控逻辑可以以多种方式添加到设计中：

（1）编码到 RTL（寄存器传输级）代码中作为使能条件，可以通过综合工具自动转换为时钟门控逻辑（细粒度时钟门控）。

（2）由 RTL 设计人员手动插入设计中（通常作为模块级时钟门控），通过实例化库中的 ICG（集成时钟门控）单元，对特定模块或寄存器的时钟进行门控。

（3）由自动时钟门控工具自动进行插入。这些工具要么将 ICG 单元插入RTL 中，要么在 RTL 代码中添加使能条件，此外，这些工具还提供顺序时钟门控优化。

10. 时钟抖动

时钟抖动是时钟源和时钟信号环境的特征，它通常被定义为"时钟边沿距离其理想位置的偏差"。时钟抖动通常由时钟发生器电路、噪声、电源变化、附近电路的干扰等引起。

时钟偏移是两个不同的触发器,由于时钟网络长度的差异,而在稍微不同的时间接收时钟信号,是时钟信号到达不同引脚所需时间的差异。与之相对应的,时钟抖动是在同一个触发器上,由于振荡器中的噪声,导致时钟边沿的位置从一个边沿移动到另一个边沿。

11. 时钟延迟

时钟延迟是时钟信号从时钟源到达接收器或目标引脚(通常是触发器或锁存器的时钟引脚)所需的总延迟。

1.2 串 扰

串扰是指在 VLSI 电路或网络 / 线路中传输的逻辑信号,由于电容耦合而对相邻电路或网络 / 线路产生的不良影响。

1. 由耦合电容引起的串扰噪声

图 1.1 描述了导致逻辑故障的串扰噪声,这里 V 是"受害线"(victim),即被干扰线;A 是"攻击线"(aggressor),即干扰线。在 A 处的干扰可能会导致 V 处的干扰,因为存在耦合电容,如果 V 处的干扰超过接收门 R 的噪声阈值,那么可能会改变 R 的输出逻辑,也就是说,由 A 处的干扰在其输入上引起的噪声,可能会使本应为逻辑 1 的 R 的输出切换到逻辑 0。

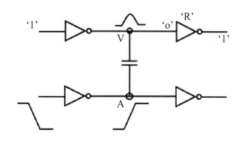

图 1.1 串扰噪声

2. 耦合电容

在深亚微米技术(< 130nm)及以下,硅片上网线之间的横向电容比层间电容更为显著。因此,在 VLSI 电路中,网线之间的耦合电容会导致逻辑故障和时序退化。图 1.2 是带延迟的同步电路数据传输。

图 1.2 同步电路数据传输延迟

1.3 静态时序分析

静态时序分析（STA）是一种在不模拟电路行为的情况下，通过分析电路的逻辑和路径来预测时序违例的方法，这种分析不依赖于任何数据或逻辑输入，而直接应用于输入引脚。STA 工具的输入是布线后的网表、时钟定义（或时钟频率）和外部环境定义。

STA 将验证设计是否能够在额定时钟频率下运行，且没有任何时序违例。一些基本的时序违例包括建立时间违例和保持时间违例。

在图 1.2 中，触发器 X 生成数据 Din，并在一定延迟后输入到达米利型状态机（当前状态）。米利型状态机在 q（下一个状态）生成输出 Dout。触发器 Y 在一定延迟后接收 Dout。相同的时钟用于控制所有触发器之间的数据传输。为了正确操作，Dout 的这种变化应该在下一个时钟边沿被 Y 捕获。

假设相同的时钟信号传输到两个触发器，并且发送方和接收方之间存在一些延迟，由于设计中每个门看到的有效负载电容不同，所以这种延迟不会固定。此外，输入转换、阈值电压、驱动强度等也是影响门延迟的重要因素。

1.4 单调性及其类型

单调性分为以下三类：

（1）负单调性：输入的上升转换引起输出的下降或者输入的下降转换引起输出的上升，称为负单调性（negative unate）。如果时钟信号是负单调性的，那么时钟源的上升沿只能导致寄存器时钟引脚的下降，时钟源的下降沿只能导致寄存器时钟引脚的上升，即时钟信号被反转。例如，在具有输入 A 和输出 Y 的反相器中，Y 相对于 A 是负单调性的。

（2）正单调性：输入的上升转换引起输出的上升或者输入的下降转换引起输出的下降，称为正单调性（positive unate）。如果时钟信号是正单调性的，那么时钟源的上升沿只能引起寄存器时钟引脚的上升，时钟源的下降沿只能引起寄存器时钟引脚的下降。

（3）非单调性：输出转换不能由输入转换单独决定，还要取决于其他输入的状态，称为非单调性（non-uante）。如果时钟信号的时钟边沿不明确，导致时钟路径中存在非单调时序弧，那么时钟信号就不是单调的。例如，通过异或门的时钟信号不是单调的，因为异或门中存在非单调时序弧，此时时钟信号的极性取决于异或门的另一个输入的状态。

正负单调性是在库文件中定义的约束，并且针对输出引脚到输入引脚进行定义。

1.5　问题与解答

【问题1】　STA 指的是什么？

答　STA（static timing analysis，静态时序分析）是一种验证数字设计时序的技术之一，检查所有可能的时序违例方式，验证设计是否能够以额定时钟频率运行。

【问题2】　为什么时序分析是一个重要因素？

答　时序分析的重要性体现在：

（1）电路性能下降是因为慢元件引入了状态等待，但快速元件成本又高，时序分析可根据特定应用选择适当的组件。

（2）时序分析用来验证电路是否设计良好，并且能够在所有输入组合下提供可靠的输出。

【问题3】　VLSI 中有多少种时序分析？

答　时序分析有两种：

（1）STA（静态定时分析）：检查电路的静态延迟要求，不需要任何输入或输出变量。

（2）DTA（动态时序分析）：通过输入和输出变量验证设计功能。

【问题 4】　STA 的重要特性是什么？

答　STA 不需要输入输出变量；工具简单；输入一般是库、网表、约束，以及寄生电阻或电容；使用基于查找表或恒定 I/V 模型的器件模型，例如 Elmore 线延迟模型；执行最坏情况分析以检查电路的延迟要求，对所有可能路径进行时序分析，这其中也包括潜在的虚假路径；仅对完全同步设计有效。因此，STA 具有如下重要特性：

（1）将设计分解为不同的时序路径。

（2）计算每条路径的信号传播延迟。

（3）检查设计内部和 I/O 接口的时序约束违例。

【问题 5】　在时序分析期间，时钟的理想特性是什么？

答　时钟的理想特性如下：

（1）时钟应该没有毛刺。

（2）应当正确定义时钟的周期，同时对于和它相关联的其他时钟建立恰当的相位关系。

（3）时钟必须满足脉冲宽度要求。

（4）当时钟速度增加时，需要注意抖动参数。例如，PLL 应具有最大抖动。

（5）当数据从一个时钟边沿传输到另一个时钟边沿时，应使用最坏情况占空比。

【问题 6】　STA 的主要功能是什么？

答　STA 主要用来检查建立时间、保持时间、复位去除时间和复位恢复时间、时钟门控、最小 / 最大扇出范围、最大电容范围、时钟脉冲宽度要求。

【问题 7】　运行 STA 需要哪些输入文件？

答　运行 STA 需要门级网表、寄生文件、约束、时序分析设置脚本。

【问题 8】　何时进行静态时序分析？

答　综合后可以进行 STA。在布局之前应该进行一次，在布局之后应该进行 2～3 次。在布线完成后可以进行核签（sign-off）。

【问题 9】　STA 与电路仿真有什么不同？

答　STA 与电路仿真的区别如下：

（1）由于 STA 不处理输入或输出变量，所以比电路仿真更快。

（2）STA 通过对所有可能的逻辑条件进行最坏情况时序分析，提供深入洞察，而电路仿真只验证特定的输入输出变量集。

【问题 10】　如何在电路上执行 STA？

答　在电路上执行 STA 的步骤如下：

（1）电路设计进一步分为可能的时序路径集。

（2）计算所有路径的信号传播延迟。

（3）STA 工具分析所有可能路径的时序约束，并与理想时序约束进行比较，检查电路中是否存在任何时序违例。

（4）检查设计内部及输入输出接口处的时序违例。

设计流程如下：

仿真→综合→STA →布局→核签

【问题 11】　在时序分析中，芯片设计工程师考虑的各种路径是什么？

答　芯片设计工程师需要考虑数据路径、异步路径、时钟路径、时钟门控路径、最坏路径和最佳路径、捕获路径和发射路径、关键路径等。

【问题 12】　什么是时序路径？起点和终点是什么？

答　STA 需要分析各种时序路径和路径延迟。门延迟和网络延迟用于计算路径延迟。在时序路径中，数据通过组合元件发射（起点）和传递，一旦遇到任何时序元件（终点），数据就会停止。如果在两个端点上都有由异步电路（即使用两个不同的时钟）触发的时序元件，那么在设置和保持时间分析中，可以使用两个时钟周期的 LCM（least common multiple）来分析发射和捕获边沿。

【问题 13】　在同步电路中，时序延迟的第一阶段是什么？

答　在同步电路中，时序路径从触发器 A 的时钟引脚开始。时钟边沿到数据输出引脚的延迟被称为延迟的第一阶段。数据经过一系列的组合元件和互连线，每个阶段都有一个时序延迟。当数据到达另一个触发器 B 时，时序路径结束。

时钟发散点是因为使用相同的时钟通过触发器 A 生成数据，通过触发器 B 采样数据而产生的。时序延迟的各个阶段如图 1.3 所示。

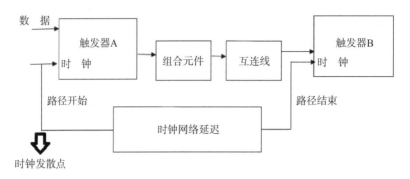

图 1.3　时序延迟的各个阶段

【问题 14】　芯片设计工程师需要考虑哪些不同的时序路径?

答　芯片设计工程师需要考虑以下时序路径:

（1）一个寄存器的时钟引脚到另一个寄存器的 D 引脚。

（2）输入到寄存器的 D 引脚。

（3）寄存器的 D 引脚到输出。

（4）通过组合元件从输入到输出。

（5）从输入到宏输入引脚，宏输入到宏输出引脚，宏输出到主输出引脚。

【问题 15】　什么是发射边沿和捕获边沿?

答　发射边沿（launch edge）是指发送数据的时钟边沿，通常选择上升沿，它是数据发送的时刻，即数据在时钟的上升沿被发送出去。

捕获边沿（capture edge）是指接收数据的时钟边沿，通常选择上升沿，它是数据被捕获的时刻，即数据在时钟的上升沿被读取或处理。

【问题 16】　什么是建立时间和保持时间?

答　数据需要在时钟的捕获边沿激活之前稳定下来。如果数据在捕获边沿之前没有稳定下来，触发器将进入亚稳态。输入数据在时钟的捕获边沿之前稳定所需的时间称为建立时间。当时钟的触发边沿到来后，数据保持稳定的时间称为触发器的保持时间。建立时间和保持时间如图 1.4 所示。

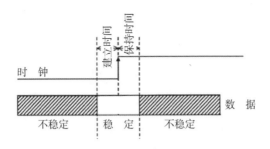

图 1.4 建立时间和保持时间

【问题 17】 哪些因素决定建立时间和保持时间?

答 建立时间和保持时间是由输入数据斜率、时钟斜率和输出负载计算得出的。

【问题 18】 什么是建立时间违例和保持时间违例?

答 在时钟的有效边沿,当数据被发射,通过触发器 A 传输,并延迟到达触发器 A 的输出引脚时,数据在捕获边沿之前应该是稳定的。但有时延迟会使电路不稳定,触发器进入亚稳态,并且不满足建立时间要求,这就是建立时间违例。此后在时钟捕获边沿断言之后,数据变得不稳定,违反了触发器 / 时序元件的保持时间要求,这就是保持时间违例。保持时间违例属于功能性故障。

【问题 19】 导致建立时间违例或保持时间违例的主要原因是什么?

答 导致建立时间违例或保持时间违例的主要原因如下:

(1)高时钟斜率。

(2)从触发器 A 的输出到触发器 B 的输入的转换非常快。

(3)由于第二个时钟边沿延迟了第一个时钟边沿,导致时钟偏移率急剧增加。两个时钟边沿的对齐没有同步。

(4)电容耦合。

(5)设计问题。

【问题 20】 关键路径、虚假路径和多周期路径的含义是什么?

答 假设两个触发器都使用相同的时钟,如果延迟(触发器 A 的时钟输出)小于时钟周期,则满足时序要求,否则违反时序要求。延迟最高的路径被称为关键路径。

当从起点到终点没有数据传输时，这条路径被称为虚假路径。这是一个功能不正确的路径。芯片设计工程师故意插入这条路径，以处理异步电路之间的关系。例如，在设计中，两个 D 触发器不会同时启用的情景。

当数据的生成、传输和计算需要超过一个时钟周期时，即数据从起点到终点需要超过一个周期的时间，称为多周期路径。

【问题 21】 什么是最差路径和最佳路径？

答 在起点和终点之间有许多类型的路径：具有最小延迟的路径称为最佳路径或最小路径，即通过该路径，数据到达终点所需的时间最短；具有最大延迟的路径称为最差路径或最大路径，即通过该路径，数据到达终点所需的时间最长。

【问题 22】 在建立时间违例和保持时间违例中，哪一个对设计规格和工作模式更危险？

答 建立时间违例与频率有关，可以通过改变时钟的频率来消除或减少它；保持时间违例是设计的功能性故障，与频率无关，不能通过减小时钟频率来修复它，因为这会引入数据竞争。

【问题 23】 "时间借用"是什么意思？

答 时间借用是从下一个时钟周期借用时间，这种情况发生在锁存器的情况下。时间借用减少了数据到达下一个时钟周期的时间，或者在另一种情况下，允许设计从上一个时钟周期的剩余时间中使用。

时间借用如图 1.5 所示，这个例子清楚地解释了从下一个周期借用时间和从上一个周期剩余时间中使用的概念。

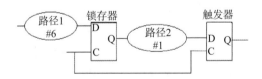

图 1.5 时间借用

假设两个触发器之间有通信，时钟周期为 5ns，路径 1 的时序延迟为 6ns，如果时钟周期变为 6ns，则时序可以满足，否则路径 1 将出现时序违例。但随着时钟周期的增加，可能会降低流水线性能。用锁存器替换触发器 1 可以解决这个问题，因为边沿触发的触发器在边沿转换时改变状态，而锁存器只要时钟引脚被使能就会改变状态。锁存器与触发器同时打开（0ns），但在2.5ns时关闭（时钟的负边沿）。因此，路径1可以从下一个周期借用额外的2.5ns。路径1借用的时间为6ns-5ns＝1ns，而它需要使用2.5ns，因此它有1.5ns的正余量。在这种情况下，路径1不会有时间违例。路径2将在路径1后立即开始。路径2将增加1ns的延迟。

路径2最多可以使用4ns（时钟周期的一半2.5ns＋正余量1.5ns），但它只使用了1ns。触发器2的数据捕获在4ns时可用，触发器的上升沿发生在5ns，因此正余量为1ns。

【问题24】 时间借用的主要特征有哪些?

答 时间借用有以下特征：

（1）时间借用可以是多级的。

（2）在时间借用中，数据的发射和捕获应使用相同时钟的相同相位完成。如果发射和捕获所处的相位不同，则时间借用将被停用。

（3）时间借用应该在同一个时钟周期内保持。

（4）时间借用会减慢数据到达时间。

（5）时间借用会影响建立时间余量的计算。

（6）保持时间余量计算不受时间借用的影响，因为最快的数据被保持时间使用。

【问题25】 你对时间窃取的理解是什么?

答 时间窃取是调整触发器的时钟相位，以使数据在触发器捕获边沿到达时不会违反时序约束。时间窃取用于特定逻辑分区需要额外时间的场景，该时间应在开始时确定。

【问题26】 时间借用和时间窃取之间有什么区别?

答 时间借用和时间窃取具有如下区别：

（1）时间借用适用于锁存器设计，时间窃取适用于触发器设计。

（2）从下一个设计阶段的较短路径中借用时间到更大路径的方法称为时间借用；根据数据到达时间，调整触发器的时钟周期称为时间窃取。

（3）在时间借用概念中，不会干扰时钟相位，锁存器通过上一个周期的剩余时间自动使用流水线；而时间窃取，则从下一阶段窃取时间，导致下一阶段时间减少。芯片设计工程师应确保下一阶段延迟时间小于时钟周期和相位移动之间的差值。

【问题27】 如何计算负借用时间和最大借用时间？

答 负借用时间是数据到达时间和时钟边沿之间的差值，表示没有借用发生。

负借用时间 = 到达时间 − 时钟边沿

时钟脉冲宽度减去锁存器末端的库设置时间即为最大借用时间：

最大借用时间 = 时钟脉冲宽度 − 库设置时间

【问题28】 正、负和零余量是什么意思？

答 余量是决定特定设计速度或频率的因素，与时序路径有关：

余量 = 实际时间 − 期望时间

负余量意味着存在一些时序违例，设计未达到特定速度或频率。

正余量意味着设计达到特定速度或频率，还有一些额外的余量。

零余量表示虽然没有冗余，但设计者已经在精确的速度或频率上进行工作。

【问题29】 如何测量建立时间和保持时间的余量？

答 建立时间和保持时间的余量可通过下式计算：

建立时间余量 = 数据所需时间 − 数据到达时间

保持时间余量 = 数据到达时间 − 数据所需时间

式中，数据到达时间是数据通过时序路径传输的时间；数据所需时间是时钟在时钟路径中穿越需要的时间。

【问题30】 请列出时序路径的理想条件。

答 基本的静态时序方程如下：

$$时钟周期 > T_{cq} + T_{pd} + T_{su} \tag{1.1}$$

其中，T_{cq} 是从时钟到输出的最大时间；T_{pd} 是最大传播延迟时间；T_{su} 是最大建立时间。

$$\text{保持时间} < T_{\min}(R) + T_{\min}(\text{logic}) \tag{1.2}$$

其中，$T_{\min}(R)$ 和 $T_{\min}(\text{logic})$ 分别是寄存器和逻辑的最小延迟。

$$\text{时钟周期} + \text{时钟偏移} > T_{cq} + T_{pd} + T_{\min}(\text{logic}) \tag{1.3}$$

其中，时钟偏移是时钟的空间延迟。

$$\text{保持时间} + \text{时钟偏移} < T_{cq} + T_{pd} + T_{\min}(\text{logic}) \tag{1.4}$$

$$\text{时钟周期} - \text{抖动（最坏情况）} > T_{cq} + T_{pd} + T_{su} \tag{1.5}$$

$$\text{保持时间} + \text{抖动（最坏情况）} < T_{\min}(R) + T_{\min}(\text{logic}) \tag{1.6}$$

抖动的最坏情况是上升沿延迟和下降沿提前的情况。

$$\text{最坏情况抖动} = 2 \times \text{jitter} \tag{1.7}$$

因此，操作的最大频率（1/时钟周期）取决于最大的 T_{cq}、T_{pd} 和 T_{su}。建立时间违例可以通过改变时钟频率和温度来修复。温度将进一步降低阈值电压并使器件更快。保持时间违例无法通过改变时钟频率来修复。

【问题 31】 什么是时钟偏移？什么是正时钟偏移、负时钟偏移和零时钟偏移？

答 时钟偏移是指一个时钟信号沿着同一个时钟网络到达源寄存器与目的寄存器的时间差。温度变化、电容解耦、导线互连长度或材料缺陷都可能导致时钟偏移。

当源寄存器时钟早于目的寄存器时钟到达时，称为正时钟偏移。正时钟偏移增强了工作频率，但会使保持时间的维持更加困难。

当目标寄存器时钟早于源寄存器时钟到达时，称为负时钟偏移。负时钟偏移降低了工作频率。

在同步系统中，发射机和接收机之间的时钟信号没有偏移，即两者之间的时钟信号完全对齐，没有时间上的差异，称为零时钟偏移。

【问题 32】 时钟偏移如何违反建立时间约束和保持时间约束？

答 时钟偏移会导致建立时间违例和保持时间违例。

当时钟信号传输速度比所需速度慢时，源和目的地之间的完整性和同步性被破坏，数据没有在时钟边沿到来时保持足够长的时间，称为保持时间违例。

当时钟信号传输速度更快时，目的地在源之前接收到时钟信号，数据到达时间过早，即在时钟信号有效沿到达之前数据已经稳定下来，但还未到达允许的建立时间窗口内，称为建立时间违例。

【问题 33】 时钟抖动是什么意思？

答 当时钟边沿偏离其理想位置时，称为时钟抖动。噪声、电源变化或邻近电路的干扰都会造成时钟抖动。时钟抖动如图 1.6 所示。

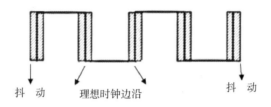

抖 动　　　理想时钟边沿　　　　抖 动

图 1.6　时钟抖动

抖动会导致时钟信号变慢或变快，违反建立时间约束或保持时间约束，进而降低芯片或电路的性能或功能。因此，在设计电路和时序分析时，抖动是一个重要参数。

【问题 34】 时钟抖动有哪些类型？

答 时钟抖动有如下四种类型：

（1）周期抖动：时钟周期的平均值是 10000 个时钟周期的偏差的均方根，也称为"峰到峰周期抖动"。

（2）周期对周期抖动：在随机的 1000 个时钟周期内，两个相邻时钟周期边沿之间的偏差称为周期对周期抖动，它测量了最小时钟边沿变化到最大时钟边沿变化之间的差异。

（3）相位抖动：由频率域中的相位噪声引起的快速和短期波动称为相位抖动，它可以转换为抖动值。

相位噪声 = 信号功率 / 噪声功率

在给定偏移量处的 1Hz 带宽上进行归一化。

（4）时间间隔误差（TIE）抖动：用来确定每个活动边沿与理想时钟对应边沿的偏差有多大。TIE 抖动的 RMS 值常用来测量"时间误差的标准偏差"。

【问题 35】 哪种类型的抖动可以用来确定高频抖动？

答 周期对周期抖动用来确定高频抖动，在随机的时钟周期组中，它代表时钟抖动的峰值。

【问题 36】 什么是复位？复位有哪些种类？

答 复位是使电路初始化的操作。由于硬件没有自初始化属性，因此复位将其强制置于已知状态。在模拟过程中，复位将电路带到起始状态，在实际硬件中，复位将电路上电。复位分为同步复位和异步复位两种。

【问题 37】 请解释同步复位的概念及其优缺点。

答 同步复位意味着它与时钟一起采样。同步复位直到时钟边沿为高时才会被激活。复位应该被延长，以便在时钟信号期间可见。

复位的优点如下：

（1）实现完全同步电路。

（2）减少时钟毛刺问题。

（3）解复位将在 1 个时钟周期内发生，因此将满足复位恢复时间约束。

复位的缺点如下：

（1）不适用于时钟门控电路。

（2）使复位进程变慢。

（3）时钟信号必须始终存在。

（4）复位信号应足够宽，以便通过时钟信号可见。

（5）复位信号可能在时序分析和综合过程中干扰其他信号。

当芯片设计工程师需要完全同步电路时，将使用同步复位，这样就不会出现亚稳态或时钟故障问题。

【问题 38】 请解释异步复位的概念及其优缺点。

答 异步复位在复位信号为高/使能时立即被激活。异步复位不依赖于时钟信号，无需等待时钟信号。

异步复位的优点如下：

（1）无需等待/激活时钟信号。

（2）会加快复位进程。

（3）具有最高优先级。

异步复位的缺点如下：

（1）可能会产生亚稳态。

（2）可能会发生时钟故障。

当芯片需要在时钟信号到来之前上电时，将使用异步复位。

【问题 39】 什么是复位和解复位？

答 复位：激活 / 使用复位，即当复位信号在逻辑上为真时。

解复位：释放 / 禁用复位，即当复位信号在逻辑上为假时。

在异步复位期间，解复位可能会导致亚稳态，因为可能出现一些触发器在其他触发器之前退出复位的情况。

在异步复位期间，复位和解复位应满足所需最低脉冲宽度。

【问题 40】 什么是复位恢复时间？

答 复位恢复时间是时钟和复位信号的时序验证规则，类似于建立时间规则。解除复位信号时，复位边沿（从有效变成无效的跳变时刻）与下一个有效时钟沿之间的这段时间（最小间隔）称为复位恢复时间。一旦异步复位变为禁用或解复位发生，复位恢复时间检查应确保有足够的时间恢复，以使下一个时钟有效。

我们以一个触发器为例，如果时钟边沿在复位解除后立即变为活动状态，它将使触发器进入一个未知状态，这将违反时序约束。复位恢复时间如图 1.7 所示。

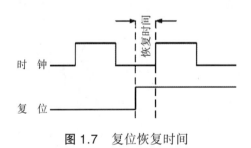

图 1.7 复位恢复时间

【问题 41】 什么是复位解除时间？

答 复位解除时间是时钟和复位信号的时序验证规则，类似于保持时间规则。解除复位信号时，复位边沿与上一个有效时钟沿之间的这段时间（最小间隔）称为复位解除时间。

需要注意的是，解除的复位信号不应在启动时钟边沿上被捕获。复位解除时间如图 1.8 所示。

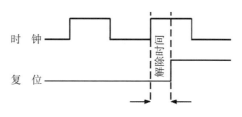

图 1.8 复位解除时间

【问题 42】 请解释 lockup latch 的概念。

答 lockup latch 是 STA 中的概念，出现在"存在较大时钟偏移"的位置，lockup latch 就像一个透明的锁存器，放置在时钟偏移最大的地方。为了减少时钟偏移并遵循保持时间约束，设计测试时使用 lockup latch。lockup latch 的概念如图 1.9 所示。

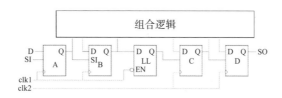

图 1.9 lockup latch

时钟偏移主要发生在集成电路的物理设计阶段，特别是在使用多个时钟的系统中。时钟偏移可能发生在移位或捕获时间中，即数据被移位到寄存器的过程中，以及数据从寄存器捕获的过程中。将所有相同时钟的触发器分组，在移位期间可以最小化时钟偏移。为了完全消除时钟偏移，在域交叉处应插入 lockup latch，这将解决移位期间的时钟偏移问题。

在扫描链中，lockup latch 将充当终点。扫描链可以重新排序，将从起始点到锁存器的单元分组为域 1，将从锁存器到最后一个单元的单元分组为域 2：

域 1：发射触发器到锁存器。

域 2：锁存器到捕获触发器。

lockup latch 可以自动放置在单元之间，也可以使用扫描链顺序文件来进行放置。

在捕获期间，可能存在多个时钟域之间的多条时钟路径。捕获期间的时钟偏移可以通过每个模式一个时钟脉冲的方式来减少。

【问题43】 如果时钟偏移很大，可以使用缓冲器来避免违反保持时间约束吗?

答 当时钟偏差较大时，不建议使用缓冲器。随着缓冲器数量的增加，面积和功率因数也会增加，这将增加片上变化（OCV），降低电路性能。处理大时钟偏差和保持时间约束的优化解决方案是插入查找锁存器。

【问题44】 查找锁存器有哪些优点?

答 查找锁存器的优点如下:

（1）具有功耗和面积上的优势。

（2）可以更轻松地处理更多的 OCV。

（3）是扫描移位模式下处理保持时间约束的稳健方法。

（4）防止数据损坏，即由于时钟偏移而发生的数据覆盖。

【问题45】 lockup latch 和 lockup register 之间的区别是什么?

答 由于 lockup latch 的面积大约是 lockup register 的一半，因此与 lockup register 相比，lockup latch 在功耗和面积方面具有优化解决方案。在负 lockup latch 中，无需担心功能频率下的时序约束。但对于 lockup register 则不然。因此，在设计过程和时序分析中，lockup latch 比 lockup register 更普遍。

【问题46】 对"时钟延迟"一词理解如何?

答 时钟延迟是指从时钟源到寄存器时钟引脚的路径延迟，分为时钟源延迟和时钟网络延迟。时钟源延迟是时钟信号从其时钟源传播到时钟定义点所需的时间，而时钟网络延迟是时钟信号从设计中的时钟定义点传播到寄存器时钟引脚的时间。

【问题47】 局部偏移和全局偏移的区别是什么?

答 时钟偏移（clock skew）是指由于布线长度和负载不同，导致同一个时钟的上升沿到达不同触发器的时间不同，这个时间差就是时钟偏移，这种偏移可能导致数据路径中的延迟，并可能引起意外的逻辑行为。时钟偏移分为局部偏移（local skew）和全局偏移（global skew），局部偏移是指两个相关寄存器延迟之差的最大值，而全局偏移则泛指任意两个寄存器延迟之差的最大值。

【问题 48】　你能修复时序路径吗？ 如果可以，那么至少给出三种修复时序路径的方法。

答　时序路径可以被修复，修复方法如下所示：

（1）优化逻辑。

（2）使用宏。

（3）设置捕获触发器和发射触发器。

（4）增强流水线。

（5）复制驱动器并拆分接收门的数量。

（6）将大型串行操作分成多个较小长度的并行操作。

（7）切换到具有低阈值电压、高栅漏电流和快速的单元。

（8）使用独热编码寄存器，以便提高操作速度。

（9）使用功耗均衡技术。

（10）改进物理设计以减少电容并加快导线延迟。

【问题 49】　什么是静态时序分析中的虚假路径？

答　虚假路径指的是在时序分析期间不需要优化的路径，这意味着不必在同一个时钟周期内完成捕获和发射任务，时序优化工具不会对其进行优化。

【问题 50】　什么是独热编码方法？

答　在独热编码技术中，触发器的数量增加，组合逻辑被最小化，这是有限状态机中的状态分配方法，它为 FSM 的每个状态分配一个触发器。逻辑门之间的互连数量减少，进一步减少传播延迟并加快有限状态机的速度。

【问题 51】　什么是多周期路径？

答　通常，数据的建立和保持操作在一个时钟期间内完成。但有些情况下，发射和捕获可能需要多个时钟周期，即发射和捕获边沿之间的组合延迟超过一个周期，这种组合逻辑路径被称为多周期路径。尽管数据在同一时钟周期内被捕获，但在多周期路径的情况下，触发器的捕获边沿在特定数量的周期后变为活动状态。需要注意的是，数据不会在每个单独的时钟周期后发射，在这种情况下，时序工具将提供异常或覆盖标志，以便可以在一个时钟周期后延迟发射和捕获检查。

【问题 52】 时序工具如何实现多周期路径?

答 一般来说,时序工具可以在一个时钟周期内完成数据的发射和捕获。但可能存在需要超过一个时钟周期来完成发射和捕获过程的情况,此时可以通过以下指令完成:

set_multi_cycle_n-from < startpoint > -to < endpoint >

这里的 "n" 指定完成发射和捕获任务所需的时钟周期数,用以指示时序工具验证和分析时序路径约束规范和违例。

【问题 53】 单元延迟和网络延迟的含义是什么?

答 连接标准单元引脚的导线称为网络。单元的输入引脚和输出引脚之间的时序延迟称为单元延迟,驱动引脚和负载引脚之间的时序延迟称为网络延迟。网络延迟主要由互连效应决定,包括电阻、电容、电感等的影响。如果物理导线不存在,我们就无法估计网络延迟,因为寄生元件的准确值取决于导线的尺寸。

【问题 54】 网络延迟或单元延迟取决于哪些参数?

答 网络延迟或单元延迟取决于输入偏移、库设置时间、库延迟模型、单元负载特性、单元驱动特性、运行条件、反馈延迟、电线负载模型、外部延迟等参数。

【问题 55】 最坏延迟和最佳延迟是什么?

答 每个逻辑门和网络都有最小延迟和最大延迟。在静态时序分析中,最大延迟称为最坏延迟,最小延迟称为最佳延迟。上升和下降延迟也被归类为最小延迟和最大延迟。

【问题 56】 用于估计延迟的延迟模型有哪些?

答 延迟模型有如下几种:

(1)电线负载模型。

(2)Elmore 延迟模型。

(3)集中电容模型。

(4)集中 RC 模型。

（5）分布式 RC 模型。

（6）RLC 模型。

（7）传输线模型。

在设计中，如果应用了特定的延迟模型，则同一模型适用于特定库中的所有单元。在单个库中，不能应用多个延迟模型。

【问题 57】 什么是静态敏感化？

答 当路径的所有输入侧保持非控制值时，该路径称为静态敏感化路径。AND 门的控制（非控制）值为 0（1）。静态敏感化足以使电路中的路径成为真实路径。

如果与路径对应的输入和路径上每个门的输出值一致，则路径是静态共敏感的。在共敏感路径中，如果路径一侧输入是控制的，则另一侧输入也可以是敏感的。

【问题 58】 什么是信号完整性问题？

答 串扰、互耦效应、电迁移和 IR-drop 等一组设计问题被称为信号完整性问题。单个芯片上的微小变化可能会违反整个芯片的设计。在集成电路中，一根导线通过一些绝缘体路由到另一根导线。一根导线信号值的增加可能会改变另一根互连导线的信号值，这样，信号将失去完整性。

【问题 59】 什么是串扰？

答 由于电容器的交叉耦合，一条网线/导线上的信号可能会干扰相邻网线/导线上的信号，这种干扰被称为串扰，它可能进一步违反建立时间和保持时间的规定。串扰会产生不良的电压尖峰，称为毛刺。由毛刺和信号时间偏差引起的时序错误，可能会导致功能错误。

【问题 60】 如何避免串扰？

答 以下措施可避免串扰：

（1）增加间距。

（2）引入多个过孔。

（3）插入缓冲器。

（4）屏蔽。

（5）增加上升沿速率。

（6）使用保护环。

【问题61】 如何使用间距来减少串扰?

答 当两个导体之间的间距增加时，宽度增加，交叉耦合将减少，从而减少串扰。

【问题62】 如何使用多个过孔来减少串扰?

答 引入多个过孔后，电阻将并联，这将减少RC延迟，并进一步减少串扰。

【问题63】 串扰噪声和串扰延迟之间有什么区别?

答 如果两个信号足够接近，它们可能会因耦合电容而引起串扰。

（1）串扰延迟：当一个网络以更快的速率切换，另一个网络以较慢的速度切换时，由于串扰，快速网络将加速慢速网络，这被称为串扰延迟，是由信号的定时误差引起的。

（2）串扰噪声：当一条信号线上的电压或电流发生变化时，由于耦合电容和耦合电感的存在，在相邻的信号线上会产生不需要的电压或电流变化，这被称为串扰噪声。在串扰噪声的情况下，如果一个网络处于空闲状态（逻辑1或逻辑0），而另一个网络处于过渡模式，那么这种状态下的串扰可能会对系统的稳定性和可靠性产生显著影响。串扰噪声产生的根本原因是电荷存储效应、电源或衬底噪声。串扰噪声分析工具可以确定空闲网络上的最坏情况毛刺。噪声分析的命令包括report_noise、check_noise和update_noise。

【问题64】 详细说明OCV（片上误差）的概念。

答 在芯片的生产过程中，工艺差异和外界环境的变化（如PVT变化）都会使芯片产生不同的误差，从而导致同一晶圆上不同区域上的芯片里的晶体管速度变快或变慢，由于这些偏差的存在，不同晶圆之间，同一晶圆的不同芯片之间，同一芯片的不同区域之间，情况都是不相同的。造成这些差异的因素有很多，这些因素造成的不同主要体现在：

（1）通道长度的变化。

（2）温度变化。

（3）IR-drop 变化。

（4）晶体管宽度的变化。

（5）阈值电压的变化。

（6）互连的变化。

【问题 65】 列举几种 OCV 的来源。

答 OCV 的来源包括蚀刻、光刻、化学机械平整化等。

【问题 66】 时钟发生器和时钟分配器是什么？

答 时钟是在低到高状态和高到低状态之间振荡的信号。将时钟分配给所有时钟元件的网络（例如缓冲器和金属网络）称为时钟分配器。时钟发生器是一种产生定时信号的电子电路，主要用于电路的同步，其基本组件是放大器和谐振电路。

【问题 67】 VLSI 中的两种主要时钟分配系统是什么？

答 VLSI 中有两种时钟分配系统：时钟树分配系统和时钟网格分配系统。

【问题 68】 什么是时钟网格分配系统？

答 在时钟网格分配系统中，主时钟信号使用驱动器分成并行路径。缓冲器阵列在金属网格中交叉连接。驱动器馈送这些缓冲器，它将路径路由到时钟接收器。使用网格交叉连接创建谐振结构。由于谐振结构的存在，缓冲器的延迟被终止。时钟网格分配系统如图 1.10 所示。

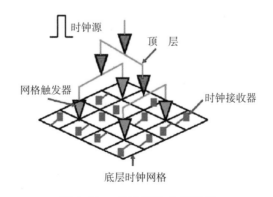

图 1.10 时钟网格分配系统

时钟网格分配系统的主要目标是从时钟源到最终接收器（如触发器、锁存器等）提供均匀的延迟。它通过提供阶段的概念来最小化时钟偏移。阶段的数量取决于芯片的大小或工艺技术。设计的目标是希望具有最少的阶段。

时钟网格分配系统有两个阶段，一个阶段是从时钟源到块的边界，另一个阶段是从块边界到块的内部。

在第二阶段，时钟分配通过网格／时钟缓冲器的固定数量的阶段在块内完成。时钟缓冲器应该对称。

时钟网格分配系统一般用于高速微处理器。通常，时钟路由被屏蔽以减少耦合效应和由耦合引起的变化。时钟网格分配系统具有变化容忍性，因此时钟偏移问题在很大程度上得到缓解。

【问题69】 什么是时钟树分布系统？

答 在时钟树分配系统中，时钟被分配给所有接收器，即触发器、计数器等，阶段数是最优的。在整个分配系统中，并不需要具有相等数量的阶段。由于阶段数较少，因此功耗也较低。时钟树分配系统如图1.11所示。

对于慢时钟设计，时钟树分配系统最适合。

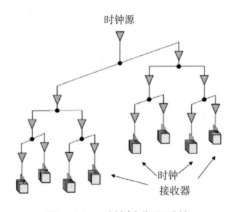

图1.11 时钟树分配系统

【问题70】 时钟网格分配系统和时钟树分配系统之间有什么区别？

答 时钟网格分配系统具有如下特点：

（1）存在网格网络，平滑了来自多个网格驱动器的到达时间差异。

（2）网格驱动器连接到网格网络作为多驱动网络。

（3）产生更低的时钟偏移和时钟插入延迟。

（4）设计阶段更多。

（5）功耗高。

（6）实施复杂。

（7）需要更多的路由资源来产生时钟网格。

时钟树分配系统具有如下特点：

（1）不需要网格网络。

（2）设计阶段的数量是最佳的。

（3）功耗很低。

（4）时钟树包括时钟源、时钟树单元、时钟门控单元、缓冲器和负载。

（5）最适合慢时钟电路设计。

【问题71】 时钟树综合和时钟树分配是同一回事吗？

答 时钟树综合和时钟树分配不是同一回事。时钟树综合用于设计时钟树分配系统，它用于最小化时钟插入延迟和时钟偏移。时钟树综合使用理想的时钟到达时间，而时钟树分配系统使用实际的时钟到达时间。

【问题72】 时钟门控的必要性是什么？

答 时钟驱动电路中的许多元素会消耗大量功率，在不需要时关闭时钟的技术称为时钟门控。

在同步电路中，时钟门控使用额外的逻辑电路在不需要对应电路工作的情况下，禁用对应器件的时钟信号，可节省动态功耗。在RTL（寄存器传输级）中，时钟门控常用于减小芯片尺寸及动态功耗，但不会影响设计的功能。时钟门控禁用触发器的切换。触发器的切换会消耗功率，通过使用时钟门控，切换功耗为零。时钟门控技术节省了芯片的面积。时钟门控的概念如图1.12所示。

图1.12 时钟门控

时钟门控功能上只需要一个与门或或门。与门的另一个输入用于关闭非活动接收器的时钟，因此，时钟门控是一种高效的节能技术。

【问题73】 CRPR在静态时序分析中的重要性是什么？

答 在静态时序分析中，CRPR代表时钟共同路径的悲观去除。静态时序分析基于最坏情况分析。在建立时间分析中,它使用最慢的发射路径和最快的捕获路径。如果发射和捕获共享一个公共路径,则 STA 的最坏情况会变得悲观,因为在一个公共路径中,快速和慢速路径不能同时发生。CRPR 是 STA 的精度限制。

【问题 74】 DEF 是什么,它的用途是什么?

答 DEF 文件是一种设计交换格式,它用于描述:

(1)设计的物理方面,如芯片大小、连接性、宏等。

(2)布局规划信息,如标准单元、布局和布线等。

(3)功率和信号布线、引脚等的物理表示。

【问题 75】 什么是亚稳态?

答 当发生建立时间违例或保持时间违例时,FPGA 内部触发器的输出是未知或不确定的,这种状态称为亚稳态。在数字设备(如 FPGA、ASIC 等)中,亚稳态会导致系统故障。在亚稳态下,电路无法在规定的时间内稳定在逻辑 0 或逻辑 1,这将进一步导致系统功能失败。

【问题 76】 亚稳态的影响是什么?

答 亚稳态的影响如下:

(1)如果负载过大,电路将进入亚稳态,触发器将意外切换,系统会出现意外行为。

(2)电路将消耗过多电流。

(3)输出将具有非确定性行为。

(4)时钟传递门的输出无法正确充电。

(5)电路无法满足时序约束。

【问题 77】 亚稳态的产生原因是什么?

答 亚稳态产生的原因如下:

(1)输入和输出级别的过渡时间约束(上升时间和下降时间)较慢。

(2)低工作电压。

(3)高寄生电容。

（4）串扰。

（5）输入是异步信号。

（6）高时钟偏差。

（7）过多的组合延迟。

【问题 78】 如何在电路中避免或容忍亚稳态?

答 如果输入数据符合建立时间和保持时间约束，则亚稳态问题可以在一定程度上得到缓解。如果信号来自不同的时钟域，控制亚稳态就会变得困难。

（1）时钟周期应该精确，以避免延迟。

（2）向同步器中添加一个或多个连续的同步触发器。

（3）使用抗亚稳态的触发器。

（4）提供所需的稳定时间。

（5）跨异步信号时，只同步单比特信号。

（6）使用异步复位。

（7）使用亚稳态滤波器，但这种做法会增加时间延迟。

【问题 79】 你能在两个时钟域之间同步吗?

答 可以通过使用同步器或异步 FIFO（高性能场景下）来同步两个时钟域。异步 FIFO 有两个独立的接口，一个用于读取数据，另一个用于写入数据。

【问题 80】 同步器的作用是什么?

答 同步器用于避免亚稳态。它是一个数字电路，用于将来自不同时钟域的异步信号转换为接收端的时钟域，以便捕获不会引起任何亚稳态问题。同步器为时钟信号提供足够的时间来稳定接收器时钟域中的亚稳态输出。

【问题 81】 使用 2 : 1 多路复用器设计一个 D 锁存器。

答 使用 2:1 多路复用器设计的 D 锁存器如图 1.13 所示。时钟作为选择线，当时钟为低时，输出被反馈到 D0，即保持输出状态；当时钟为高，即逻辑 1 时，数据 D 被传输到输出端口。

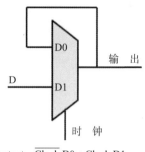

$$output = \overline{Clock}.D0 + Clock.D1$$

图 1.13　使用 2 : 1 多路复用器的 D 锁存器

【问题 82】　锁存器和触发器之间有什么关系?

答　当两个 D 锁存器背靠背连接在一起时(图 1.14),它形成一个触发器。

在这里,一个锁存器充当主设备,另一个锁存器充当从设备。我们知道锁存器是电平敏感的,而触发器是边沿敏感的。第一个锁存器是低电平,第二个锁存器是高电平,形成一个上升沿敏感的 D 触发器。锁存器比触发器消耗的功率少,但出现毛刺的可能性比触发器高。

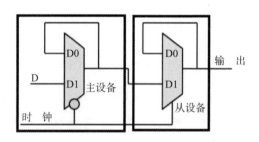

图 1.14　使用锁存器的触发器

【问题 83】　器件延迟取决于哪些因素?

答　器件延迟与设备宽度、时钟上升速率、负载电容成正比。

【问题 84】　统计静态时序分析(SSTA)和静态时序分析(STA)之间有什么区别?

答　SSTA 通过统计建模的方法,有效地考虑了门和互连时序的变化概率,为数字电路的时序分析提供了更为准确和全面的预测,它与传统的确定性 STA 区别如下:

(1)STA 中没有错过路径的机会,因为它没有任何向量。

(2)SSTA 可以用于电路优化。

（3）SSTA 的运行时间是线性的。

（4）SSTA 无法处理芯片内的空间相关性，而 STA 的情况下是可以的。

（5）在使用 SSTA 时存在相关性问题，需要更多的工艺角和 PVT（工艺、电压、温度）来解决设计问题。

【问题85】 可用于 STA 的主要工具有哪些？

答 可用于 STA 的工具有 Cadence Encounter、Synopsys Primetime、Altera Quartus Ⅱ、IBM Eins Timer 等。

【问题86】 RTL 设计流程是什么？

答 RTL 设计流程如下所示：

HDL → RTL 综合→网表→逻辑优化→物理设计→布局

【问题87】 什么是前端设计？什么是后端设计？

答 前端设计和后端设计如图 1.15 所示。

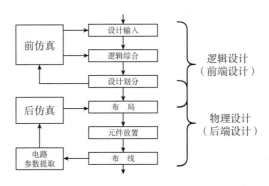

图 1.15 前端设计和后端设计

前端设计主要包括逻辑设计、验证和综合等工作，前端设计工程师通常使用硬件描述语言设计电路的逻辑功能，包括逻辑门级的设计、时序分析、功能验证等，目标是确保电路的功能正确性和性能满足设计要求。

后端设计主要包括布局设计、布线设计、物理验证和版图提取等工作，后端设计工程师通常使用专业的物理设计工具将逻辑设计转化为实际的物理结构，包括电路的布局、布线、时序收敛、功耗优化等，目标是确保电路的物理结构满足制造工艺的要求，并满足性能、功耗等指标。

【问题88】 关于 Cadence/Xilinx 工具，说明 IC 制造和 FPGA 原型设计的设计流程。

答 图 1.16 显示了 IC 制造和 FPGA 原型设计等设计流程，图 1.17 显示了 LVS 布局与原理图。

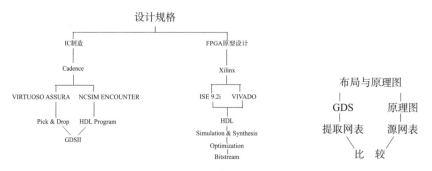

图 1.16 设计流程　　　　图 1.17 布局与原理图

参考文献

［1］ A Gattiker，S Nassif，R Dinakar，C Long. Timing yield estimation from static timing analysis. In Proceedings of the IEEE 2001. 2nd International Symposiμm on Quality Electronic Design，2001: 437-442.

［2］ https: //www. vlsisystemdesign. com/crosstalk. php.

［3］ J Bhasker，R Chadha. Static timing analysis for nanometer designs: A practical approach. Springer Science & Business Media，2009.

［4］ A Devgan, C Kashyap. Block-based static timing analysis with uncertainty. In ICCAD-2003. International Conference on Computer-Aided Design (IEEE Cat. No. 03CH37486) , 2003: 607-614.

［5］ S Malik, M Martonosi, Yau-Tsun Steven Li. Static timing analysis of embedded software. In Proceedings of the 34th annual Design Automation Conference , 1997: 147-152.

［6］ S Sony. VLSI interview questions with answers. Kindle edition.

第2章 CMOS设计和布局

2.1 引 言

集成电路的设计流程涉及一系列步骤，具体包括以下五部分。

步骤 1：逻辑综合

· RTL 转换为网表。

· 设计分区成物理块。

· 时序裕度和时序约束。

· RTL 和门级网表验证。

· 静态时序分析。

步骤 2：布局规划

· 分层 VLSI 块放置。

· 功耗和时钟规划。

步骤 3：综 合

· 时序约束和优化。

· 静态时序分析。

· 更新版图。

· 更新功耗和时钟规划。

步骤 4：块级布局

· 完成块的放置和布线。

步骤 5：VLSI 级布局

· 所有块的 VLSI 集成。

· 放置和布线。

· GDSII 创建。

2.2 CMOS设计流程

CMOS 设计包括以下步骤：

（1）CMOS 设计始于定义电路输入和输出，也称为电路规格。

（2）输入和输出的详细列表确认下来之后，就可以进行手工计算和方案设计，并为预期的集成电路设计电路原理图，然后在 CAD（计算机辅助设计）工具中绘制出来，例如 Tanner。

（3）原理图输入完成后，就会进行电路仿真，并检查获得的仿真结果是否符合预期规格，这一步称为前仿真（pre-layout simulation）。

（4）检查后仿真（post-layout simulation）结果后，下一步是制作原型板。

（5）电路板制造出来后，就会进行原型测试，并检查初始规格，如果这些结果与预期规格不匹配，那么可能是制造或初始规格问题导致的。如果原型板通过了所有测试，就会进行大规模生产。这个流程用于定制 IC 设计，定制设计的 IC 也被称专用集成电路（ASIC）。设计芯片的其他非定制方法包括现场可编程门阵列（FPGA）和标准单元库。对于低成本和需要快速周转的设计，一般采用 FPGA 和标准单元方法。大多数大规模生产的芯片，如微处理器和存储器，是使用定制设计方法制造的，如图 2.1 所示。

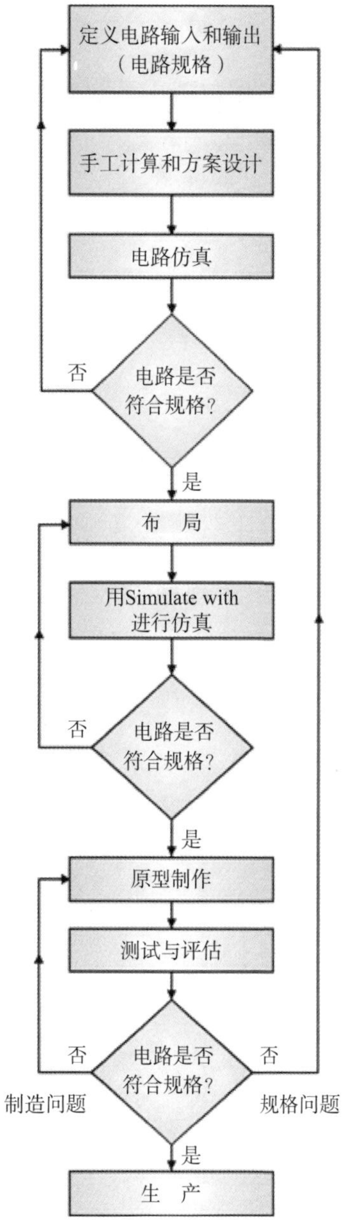

图 2.1 定制设计的集成电路

2.3 棍棒图

棍棒图是使用简单图表捕捉各个器件的对应位置及层信息的一种方法。棍状图通过颜色编码（或单色编码）传达层信息，它们充当符号电路和实际布局之间的接口。棒状图显示所有组件 / 过孔和组件的放置，是布局的草图。

借助棍棒图，布局变得更加容易。

棍棒图不显示组件的精确放置信息、晶体管的大小和导线长度 / 导线宽度，也不显示任何其他低级细节，如寄生参数。

1. 棍棒图的符号表示

棍棒图各工艺层常用的颜色如图 2.2 所示。

图 2.2 棍棒图各工艺层颜色

2. 绘制棍棒图的规则

棍棒图的绘制规则如图 2.3 ~ 图 2.6 所示。

（1）规则 1：当两根或更多相同类型的棒交叉或接触时，图 2.3 表示电气接触。

（2）规则 2：当两根或更多不同类型的棒交叉或接触时，图 2.4 表示无电气接触。

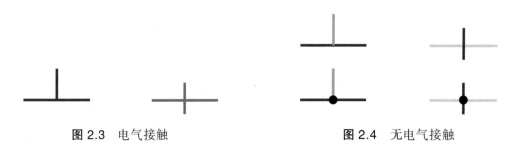

图 2.3 电气接触 　　　　　　　　**图 2.4** 无电气接触

（3）规则 3：当多晶硅和扩散区交叉时，图 2.5 表示一个晶体管。

图 2.5 晶体管

（4）规则 4：如图 2.6 所示，在 CMOS 中绘制一个分界线，以避免 P 型扩散区与 N 型扩散区的接触。所有 PMOS 必须位于分界线的一侧，而所有 NMOS 必须位于另一侧。

图 2.6 使用棍棒图表示的 CMOS

图 2.7 所示是用棍棒图绘制的 CMOS 反相器。

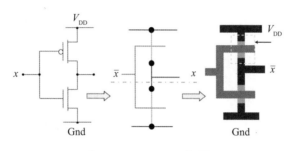

图 2.7 CMOS 反相器

2.4 设计规则

VLSI 设计具有一些基本规则，这些规则提供了最小尺寸、线布局和其他几何尺寸的详细信息，有助于设计人员在尽可能不影响性能和可靠性的前提下，在尽可能小的区域内设计电路。VLSI 设计的两个基本规则如下：

（1）λ 设计规则：用单一参数 λ 表示版图规则，所有的几何尺寸都与 λ 成线性比例。例如，要将设计从 4μm 降低到 2μm，只需减小 λ 的值。在这种规则下，所有尺寸都是最小尺寸 λ 的倍数，这种规则有利于新工艺导入时的"按比例缩小"。然而，实际操作中很难做到所有尺寸都按比例缩小，尤其是在线宽进入亚微米和深亚微米级别后，这种规则的局限性愈发明显。

（2）微米设计规则：用微米表示版图规则中诸如最小特征尺寸和最小允许间隔的绝对尺寸。这种方法不再使用比例关系，而是用自由格式来分别定义每个尺寸的绝对值，或者使用符号布图系统，以准确地定义出设计规则，最大化地利用布局和布线空间。这种规则的变化反映了技术进步和设计灵活性的增加，允许芯片设计工程师在更大的范围内调整尺寸，以适应不同的设计和制造需求。

1. λ 设计规则

λ 设计规则具体如下：

（1）N 阱规则，如图 2.8 所示。

·最小宽度 = 10λ。

·相同电势阱的间距 = 6λ。

·相同电势阱的最小间距 = 0λ。

·不同电势阱的间距 = 8λ。

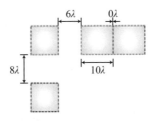

图 2.8　N 阱规则

（2）有源区规则，如图 2.9 所示。

·最小宽度 = 3λ。

·最小间距 = 3λ。

·源 / 漏与 P 有源区距离 = 5λ。

·衬底 / 阱与 P 有源区距离 = 3λ。

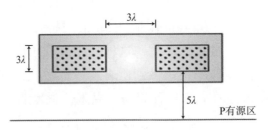

图 2.9　有源区规则

（3）多晶硅 1 规则，如图 2.10 所示。

·最小宽度 = 2λ。

- 最小间距 = 2λ。

- 与栅极多晶硅相关的有源区的最小延伸距离 = 2λ。

- 场氧区的多晶硅与有源区的最小间距 = 1λ。

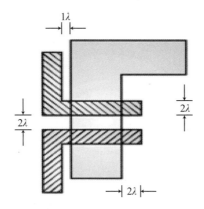

图 2.10 多晶硅 1 规则

（4）有源区到多晶硅 1 的规则，如图 2.11 所示。

- 精确的接触尺寸 = 2λ × 2λ。

- 多晶硅 1 最小交叠 = 1λ。

- 最小接触间距 = 2λ。

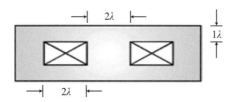

图 2.11 有源区到多晶硅 1 的规则

（5）接触孔到有源区的规则，如图 2.12 所示。

- 精确的接触尺寸 = 2λ × 2λ。

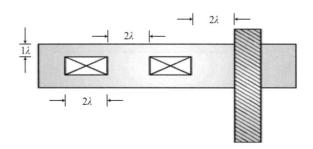

图 2.12 接触孔到有源区的规则

· 有源区最小交叠 = 1λ。

· 最小接触间距 = 2λ。

· 接触孔与有源区内的多晶硅 1（栅极）的最小间距 = 2λ。

（6）金属 1 规则，如图 2.13 所示。

· 最小宽度 = 3λ。

· 最小间距 = 3λ。

· 多晶硅接触的最小交叠 = 1λ。

· 有源区接触的最小交叠 = 1λ。

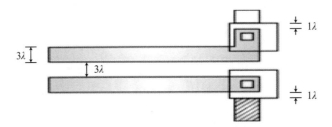

图 2.13　金属 1 规则

（7）过孔规则，如图 2.14 所示。

· 最小尺寸 = $2\lambda \times \lambda$。

· 最小间距 = 3λ。

· 金属层 1 的最小交叠 = 1λ。

图 2.14　过孔规则

（8）金属 2 规则，如图 2.15 所示。

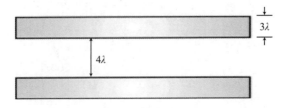

图 2.15　金属 2 规则

· 最小尺寸 = 3λ。

· 最小间距 = 4λ。

（9）金属 3 规则，如图 2.16 所示。

· 最小宽度 = 6λ。

· 最小间距 = 4λ。

为了确保不违反任何设计规则，通常使用 DRC（设计规则检查）对设计布局进行规则检查，判断设计是否满足制造工艺的要求。

布局规则分为三类，即晶体管规则、接触和通孔规则，以及阱和衬底规则。

（1）晶体管规则：晶体管由有源区和多晶硅层重叠而成。晶体管的最小长度为 0.24μm，这是多晶硅的最小宽度，而晶体管的宽度至少为 0.3μm，这是有源层的最小宽度。图 2.17 显示了 PMOS 晶体管的布局。

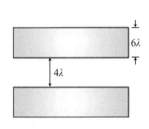

图 2.16　金属 3 规则

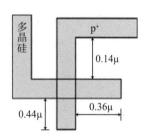

图 2.17　PMOS 晶体管的布局

（2）接触和通孔规则：接触是指金属和有源区或者多晶硅的互连，而通孔是指两个金属层之间的互连。通过重叠两个互连层形成接触或通孔，并在两者之间提供填充金属的接触。图 2.18 显示了布局中使用的接触和通孔。

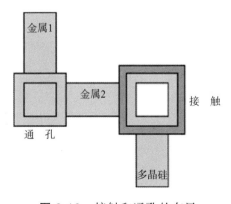

图 2.18　接触和通孔的布局

（3）阱和衬底规则：阱和衬底与电源电压的良好连接对于电路的稳定性非常重要，如果接触不良会在衬底接触与电源之间产生电阻，从而产生破坏性的寄生效应，如闩锁效应。

2. 微米设计规则

微米设计规则具体如下：

（1）N 阱规则，如图 2.19 所示。

· 宽度 = 3μm。

· 间距 = 9μm。

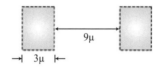

图 2.19　N 阱规则

（2）有源区规则，如图 2.20 所示。

· 最小尺寸 = 3μm。

· 最小间距 = 3μm。

· N + 有源区与 N 阱间距 = 7μm。

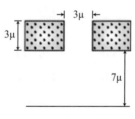

图 2.20　有源区规则

（3）多晶硅 1 规则，如图 2.21 所示。

· 宽度 = 2μm。

· 间距 = 3μm。

· 有源区与门重叠 = 2μm。

· 场氧区的多晶硅 1 与有源区的间距 = 1μm。

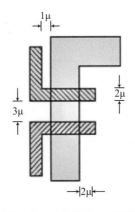

图 2.21 多晶硅 1 规则

（4）接触孔到多晶硅 1 的规则，如图 2.22 所示。

· 精确接触尺寸 = 2μm × 2μm。

· 多晶硅最小交叠 = 1μm。

· 最小接触间距 = 2μm。

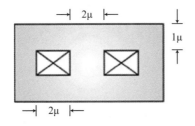

图 2.22 接触孔到多晶硅 1 规则

（5）接触孔到有源区的规则，如图 2.23 所示。

· 精确接触尺寸 = 2μm × 2μm。

· 有源区最小交叠 = 1μm。

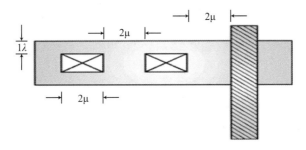

图 2.23 接触孔到有源区的规则

·最小接触间距 = 2μm。

·到门的最小间距 = 2μm。

（6）金属 1 规则，如图 2.24 所示。

·宽度 = 3μm。

·间距 = 3μm。

·有源区接触的交叠 = 1μm。

·通孔的交叠 = 2μm。

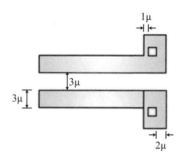

图 2.24　金属 1 规则

（7）金属 2 规则，如图 2.25 所示。

·宽度 = 3μm。

·间距 = 3μm。

·金属 2 到通孔的交叠 = 2μm。

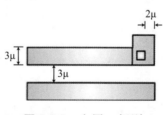

图 2.25　金属 2 规则

2.5　布局设计规则

布局设计规则提供了一组指导方针，用于构建集成电路制造中所需的各种掩模。设计规则包括不同层对象之间的最小宽度和最小间距要求。

设计规则中最重要的参数是最小线宽，该参数表示半导体材料层的掩模尺寸。布局设计规则用于将电路概念转化为硅中的实际几何形状。

设计规则是电路设计师和集成电路制造工程师之间的媒介。电路设计师需要面积更小、性能更高、密度更高的设计，而集成电路制造工程师需要高工艺良率。

最小线宽是掩模图案可以安全转移到半导体材料的最小 MASK 尺寸。对于最小尺寸，设计规则因公司而异，因工艺而异。

为了解决这个问题，一般使用"可扩展设计规则方法"。在这种方法中，规则被定义为一个称为 λ 的单一参数的函数。对于 IC 工艺，λ 被设置为一个值，设计尺寸被转换为数字形式。通常，一个工艺的最小线宽被设置为 2λ，例如对于 $0.25\mu m$ 工艺技术，λ 为 $0.125\mu m$。

布局的层表示将 CMOS 中使用的掩模转换为简单的布局级别，更容易被设计师可视化。

CMOS 设计布局基于以下组件：

（1）衬底或阱：这些阱对于 NMOS 器件为 P 型，对于 PMOS 器件为 N 型。

（2）扩散区：在这些区域形成晶体管，也被称为有源层。N + 定义为 NMOS 晶体管，P + 定义为 PMOS 晶体管。

（3）多晶硅层：用于形成晶体管的栅极。

（4）金属互连层：用于形成电源和地线以及输入和输出线。

（5）接触孔和通孔层：用于形成层间连接。

基于 CMOS 的三输入 NAND 门如图 2.26 所示。

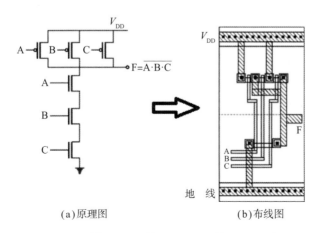

图 2.26　基于 CMOS 的 NAND 门

2.6　问题与解答

【问题 1】　设计规则的含义是什么?

答　设计规则是一组几何规格,规定了布局设计。

- 布局是芯片的俯视图。
- 设计过程借助棍棒图和布局。
- 棍棒图给出了不同组件的放置和连接细节,但未提及器件的尺寸。
- 具有所有尺寸的电路设计是布局。
- 制造过程需要不同的掩模板,这些掩模板是从布局准备的。
- 布局是电路设计师和制造工程师之间的媒介。
- 布局是使用一组设计规则制作的。
- 设计规则允许将电路(通常以棍棒图或符号形式)转换为硅片中的实际几何形状。
- 这些规则通常指定芯片上物理对象的最小允许线宽。例如:金属、多晶硅、互连、扩散区、最小特征尺寸,以及两个此类特征之间的最小允许间隔。

【问题2】　设计规则的必要性是什么?

答　遵守设计规则可以获得:

- 更好的面积效率。
- 更好的良率。
- 更好的可靠性。
- 提高在硅晶圆上制造成功产品的概率。

不遵循设计规则可能导致:

- 电路功能失效。
- 设计占用更大的硅面积。
- 设备可能在仿真期间或之后失败。

【问题3】　不同层的颜色是什么?

答　不同层的颜色如图 2.27 所示。

层	颜色	示意
N+ 有源区	绿色	
P+ 有源区	黄色 / 棕色	
多晶硅	红色	
金属 1	蓝色	
金属 2	紫色	
接触	黑色	X
埋栅（buried contact）	棕色	X
通孔	黑色	X
注入	黄色斑点	
N 阱	绿色 / 黑色斑点	

图 2.27 不同层的颜色

【问题 4】 什么是棍棒图？

答 棍棒图是布局的符号表示。

· 在棍棒图中，每个导电层都用不同颜色的线表示。

· 线的宽度并不重要，因为棍棒图只提供布线和路由信息。

· 精确显示所有元件 / 过孔的相对位置。

· 不显示元件的精确布局信息、晶体管尺寸、导线长度、导线宽度、管边界，以及任何其他细节，如寄生参数。

棍棒图是使用简单图表捕捉拓扑结构和层信息的一种方法。棍棒图通过颜色传达层信息，充当符号电路和实际布局之间的接口。

【问题 5】 棍棒图的规则是什么？

答 棍棒图的规则如图 2.28 ~ 图 2.32 所示。

（1）规则 1：当两根或更多相同类型的棒交叉或接触时，图 2.28 表示电气接触。

图 2.28 电气接触

（2）规则 2：当两根或更多不同类型的棒交叉或接触时，图 2.29 表示无电气接触。

图 2.29 无电气接触

（3）规则 3：当多晶硅和扩散区交叉时，图 2.30 表示一个晶体管。

图 2.30 晶体管

红色（poly）覆盖绿色（active），形成一个场效应晶体管，如图 2.31 所示。

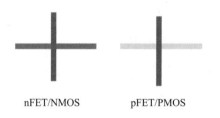

nFET/NMOS   pFET/PMOS

图 2.31 场效应晶体管

（4）规则 4：如图 2.32 所示，在 CMOS 中绘制一个分界线，以避免 P 型扩散区与 N 型扩散区的接触。所有 PMOS 必须位于分界线的一侧，而所有 NMOS 必须位于另一侧。

图 2.32 CMOS 规则

【问题 6】 绘制棍棒图的基本步骤是什么？

答 绘制棍棒图的基本步骤如下：

（1）绘制两条平行金属（蓝色）代表 V_{DD} 和 GND 导轨，它们之间应该有足够的空间放置其他电路元件。

（2）在 V_{DD} 和 GND 导轨的中心画出分界线（棕色），这条线代表阱（N 阱 / P 阱）。

（3）为所需的上拉和下拉晶体管在 DL 上方和下方绘制有源区（绿 / 黄）路径。

（4）画出垂直的多晶硅层穿过两个扩散层（绿色和黄色）。

（5）注意：多晶硅（红色）与有源区（绿色 / 黄色）交叉，此处需要晶体管；任何扩散区都不可以穿过分界线；只有多晶硅和金属可以穿过分界线；N– 扩散层和 P– 扩散层使用金属线连接。

（6）将所有 PMOS 放在分界线上方，NMOS 放在分界线下方。

（7）使用金属线将它们连接起来。

（8）蓝色可以跨过红色或绿色，不需要连接。

（9）层间连接用 X 指定。

（10）不同层上的金属线可以相互穿越，连接使用通孔完成。

【问题 7】 布局设计规则有哪些？

答 布局设计规则有如下两种：

（1）微米设计规则。

（2）λ 设计规则。

【问题 8】 什么是微米设计规则？

答 在微米设计规则中，所有器件尺寸都以绝对尺寸（μm/nm）表示，不支持比例缩放。这种设计规则适用于微电子工业中的微米级工艺，即尺寸在微米级别的设计和制造。

【问题 9】 什么是 λ 设计规则？

答 λ 设计规则是由 Mead 和 Conway 提出的，是一种规整格式的设计规则，其基本思想是将所有器件尺寸规定为某一特征尺寸 λ 的某个倍数。在亚微米 CMOS 工艺中，λ 设计规则支持比例缩放，但需要谨慎应用。

【问题 10】 层的最小长度 / 宽度和最小间距是多少，为什么？

答 L 是漏极和源极之间的最小通道长度。

· 层的最小长度 / 宽度为 2λ，以便进行形状收缩。

· 层的最小间距为 2λ，以确保介质的充分连续性。

【问题 11】 不同掩模层上两个特征的允许错位是多少?

答 不同掩模层上的两个特征在晶圆上可以错位 2λ。

如果这两个不同掩模层的重叠对设计有灾难性影响，那它们必须至少相隔 2λ，如果只是不希望它们重叠，那么它们必须至少相隔 λ。

【问题 12】 CMOS 的设计规则有哪些?

答 CMOS 的设计规则如下:

（1）金属 1：最小宽度 $=3\lambda$，最小间距 $=3\lambda$。

（2）金属 2：最小宽度 $=3\lambda$，最小间距 $=4\lambda$。

（3）多晶硅：最小宽度 $=2\lambda$，最小间距 $=2\lambda$。

（4）N 型扩散区 /P 型扩散区：最小宽度 $=3\lambda$，最小间距 $=3\lambda$。

（5）阱：最小宽度 $=6\lambda$，N 阱 /P 阱最小间距 $=6\lambda$（相同电位），N 阱 /P 阱最小间距 $=9\lambda$（不同电位）。

（6）晶体管：最小宽度 $=3\lambda$，最小长度 $=2\lambda$，多晶硅最小延伸长度 $=2\lambda$。

（7）接触（过孔）：精确切割尺寸 $=2\lambda \times 2\lambda$，最小切割间距 $=2\lambda$，在所有方向上最小交叠为 1λ。

【问题 13】 什么是接触触点? 它的长度和宽度应该是多少?

答 接触触点如图 2.33 所示，接触面积为 $2\lambda \times 2\lambda$。

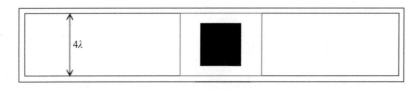

图 2.33 接触触点

金属和多晶硅 / 扩散层需要通过特定的接触面积进行连接，以确保电流能够有效地从一个导体传输到另一个导体，这个接触面积被称为 λ 交叠面积，它是确保电流传输效率和稳定性的关键因素。在设计和制造过程中，必须确保金属和多晶硅 / 扩散层在接触区域有足够的重叠，以便形成良好的电连接。

接触触点之间的空间如图 2.34 所示，为防止孔洞合并，之间相隔 2λ。

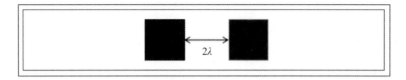

图 2.34 接触触点之间的空间

【问题 14】 什么是层间接触？

答 多晶硅和扩散层之间的互连是通过金属接触、对接接触和埋栅接触完成的。

【问题 15】 金属接触的规格是什么？

答 金属接触的规格如下：

（1）在多晶硅和扩散层上方的氧化层中有 $2\lambda \times 2\lambda$ 的接触触点。

（2）用于互连的金属。

（3）单个接触尺寸变为 $4\lambda \times 4\lambda$。

【问题 16】 180nm 技术是什么意思？

答 180nm 指的是该半导体工艺中 CMOS 器件的最小可用沟道长度。

在 VLSI 电路仿真工具中，Cadence 支持基于 180nm、90nm、45nm 等工艺的仿真。随着晶体管的发明和演变，各种技术应运而生。根据摩尔定律，晶体管的数量将继续每 18 个月翻一番。这意味着同样的硅片面积可以容纳多个晶体管。为了实现这一点，晶体管尺寸逐渐减小。晶体管尺寸通过缩放过程从一个工艺节点转移到更小的工艺节点。工艺节点的转移帮助许多半导体行业的领先企业，如英特尔、IBM、AMD、德州仪器等，不断推出许多创新和高性能产品。在半导体行业，一种特定的技术使用一段时间后，会被更先进的技术工艺所取代。例如，1999 年到 2000 年，大多数企业采用 180nm 的工艺技术；随后，2004 年到 2005 年，90nm 技术成为主流。进一步地，45nm 工艺技术在 2007 至 2008 年间被英特尔公司用于生产半导体芯片处理器。

【问题 17】 180nm、90nm 和 45nm 之间有什么区别？

答 这些数字代表晶体管（PMOS 或 NMOS）的最小特征尺寸。最小特征尺寸，也称为工艺节点，是指在半导体制造过程中，晶体管和其他电路元件能够达到的最小尺寸。这个尺寸决定了在给定的芯片面积上可以集成多少晶体管，从而影响芯片的性能、功耗和成本。特征尺寸越小，理论上可以在相同面积的芯片上放置更多的晶体管，提高集成度和性能。假设使用 180nm 和 90nm 的晶体管设计单独的芯片，在芯片的特定区域上放置 90nm 晶体管的数量会比可以放置在同一硅区域上 180nm 晶体管的数量多（几乎是两倍）。

180nm、90nm 等也用来表示制造中使用的最小沟道长度。

仔细观察 180nm、130nm 和 90nm 这组数字，可以发现后面的数字是前面的数字除以 2 的平方根得来的。例如，180nm 之后的下一个工艺节点是 180 除以 2 的平方根（1.41），结果约为 130nm。同样，130nm 之后的下一个节点将是 130 除以 2 的平方根，约为 90nm，依此类推。随着技术的发展，晶体管尺寸正在日益缩小，晶体管尺寸的缩小可以降低芯片的生产成本，因为更小的晶体管可以在相同的硅片上制造更多的芯片。但是，随着特征尺寸的减小，制造工艺的复杂性和成本也会增加，同时还会面临物理极限和材料科学的挑战。因此，半导体行业在追求更小尺寸的同时，也在不断寻找平衡性能、成本和可制造性的解决方案。

【问题 18】　目前最新的工艺节点是多少 nm？

答　目前主流的工艺节点为 28nm、20nm、16/14nm、10nm、7nm 等，苹果公司 2022 年推出的 A16 Bionic 采用的是 5nm 工艺节点，英特尔计划在 2026 年初实现 18A（1.8nm 工艺节点），台积电计划 2025 ~ 2026 年推出 A16（1.6nm 工艺节点）。

【问题 19】　半导体工艺技术的历史进程是什么？

答　如表 2.1 所示，制造工艺的演变为集成电路的性能提升提供了显著的改进，这一现象通常被称为"缩放"趋势。缩放趋势表明，即使没有新的电路或架构创新，通过减小晶体管尺寸，也能够实现性能的提升、功耗的降低以及成本的减少。

表 2.1　工艺技术的历史进程

工艺节点	10μm	6μm	3μm	1.5μm	1μm	800nm	600nm	350nm	250nm	180nm
年　份	1971	1974	1977	1982	1985	1989	1994	1995	1997	1999
工艺节点	130nm	90nm	65nm	45nm	32nm	22nm	14nm	10nm	7nm	5nm
年　份	2001	2004	2006	2007	2010	2012	2014	2017	2018	2020

主要的半导体公司制定了精心设计的路线图，利用工艺进步和设计创新来提高集成电路性能。值得关注的是，英特尔提出了"tick-tock"模型，"tick"代表工艺技术的更新，意味着通过工艺技术的缩小来改善面积和功耗；"tock"代表微架构的更新，即在相同的工艺节点上推出新的CPU架构，以提高性能和能效。

【问题 20】 VLSI 中缩放的好处是什么？

答 国际半导体技术发展路线图（ITRS）的发布为半导体行业的"缩放"时代奠定了基础。ITRS是一个行业共识的规划，它预测和指导了半导体技术的发展趋势，包括制造工艺、设计、封装、测试等多个方面。

随着晶体管的特征尺寸按比例缩小，晶体管的物理尺寸也随之减小。晶体管的尺寸缩小使有效电容减小，电容的减少意味着晶体管在开关时需要的电荷更少，从而减少了充放电时间，即降低了传播延迟。由于延迟的减少，晶体管的开关速度可以加快，直接提高了电路的频率和整体性能。

如图 2.35 所示，矩形尺寸（长和宽）减小 30%，面积约减少 50%，这意味着需要一个缩放因子（0.7）来将面积减少一半。

尺寸的减小减少了有效电容，进而使器件延迟减小 30%（0.7），器件运行更快。在半导体工艺节点中，操作频率是衡量设备速度的一个重要指标，它反映了集成电路中信号传输和处理的速度，由环形振荡器的频率定义，如图 2.36 所示。

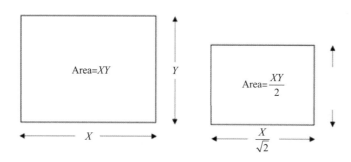

图 2.35 VLSI 中的缩放

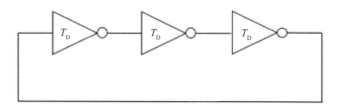

图 2.36 操作频率

如果环形振荡器的每个反相器的延迟都相同，则电路的拓扑结构确保第一个晶体管的输入在 3 个反相器之后被反馈，从而得到该振荡器的频率。因此，延迟减小 30%（0.7）将对应于操作频率增加 40%，这是缩放的明显优势！

$$0.7 = \frac{1}{\sqrt{2}}$$

最后，为了保持电场恒定，工艺中的电压降低了 30%。这样，每一代新技术都会使晶体管密度翻倍，同时保持功耗不变。

【问题 21】 VLSI 中的特征尺寸是什么意思？

答 通过应用 0.7 这个缩放因子，我们能够直观地看到半导体工艺技术的发展历程。这一过程从 180nm 工艺节点开始，每一代新技术都通过将前一代的尺寸乘以 0.7 来实现尺寸的缩减。具体来说，180nm 工艺节点经过一次缩放，达到 130nm（≈180×0.7）；130nm 再经过缩放，变为 90nm（≈130×0.7）。依此类推，工艺节点逐步演进到 65nm、45nm、32nm、22nm、16nm 等更先进的水平。这种缩放不仅体现了尺寸的逐步减小，也象征着半导体制造技术在不断提升和突破，如图 2.37 所示。

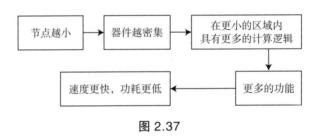

图 2.37

有效沟道长度如图 2.38 所示。

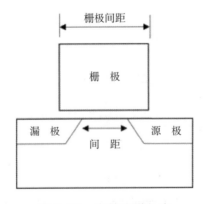

图 2.38　有效沟道长度

在32nm节点之前,工艺节点大致对应于绘制的栅极长度的最小值。可以说特征尺寸是栅极长度的指示。这里需要强调的是,实际实现的晶体管的沟道长度或有效沟道长度可能低于节点值,因为源区和漏区在栅极区域上可能存在重叠,减小了沟道长度。

从90nm到32nm,有效沟道长度保持不变。半导体技术的特征尺寸被定义为MOS晶体管沟道在漏极和源极之间的最小长度。

【问题22】 间距和节点如何理解?

答 国际半导体技术发展路线图(ITRS)采用"节点"这一术语来表示逻辑芯片上最小的特征尺寸,通常指的是MOSFET的栅极长度(图2.39)。这个尺寸是衡量工艺技术进步的关键指标,它直接影响到晶体管的性能和集成度。

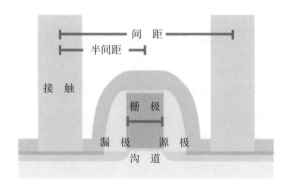

图2.39 MOSFET中的间距

对于存储芯片,如DRAM或闪存,使用的是"半间距"这一术语来定义最小特征尺寸。半间距通常指的是存储单元中两个存储节点之间的距离的一半,这个尺寸对于存储密度和性能同样至关重要。

半间距是两个相邻路径之间的一半距离。节点和半间距如图2.40所示。

在DRAM技术中,半间距是一个关键的度量单位,它指的是DRAM芯片上相邻存储单元之间的距离的一半。这个参数对于确定芯片上晶体管和存储单元的密度至关重要,因为它直接影响到存储密度和性能。

32nm节点是半导体制造技术从45nm工艺进一步发展的一个重要阶段,在这个节点上,32nm这一数字特指MOSFET技术中存储单元的平均半间距。换句话说,它表示相邻存储单元之间距离的一半,这是衡量芯片上晶体管和存储单元密度的关键指标。

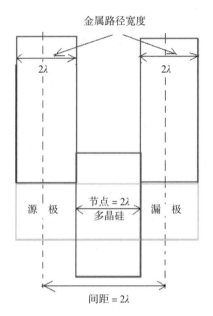

图 2.40   半间距和节点

【问题23】   什么是直流分析，交流分析和瞬态分析？

答   在设计模拟电路时，需要进行多种类型的电路分析来确保电路在不同条件下的性能和稳定性。直流分析是设计的第一步，用来检查电路在没有交流信号输入时的偏置条件，这种分析可以确定电路在静态或直流条件下的工作点，包括晶体管的基极、集电极和发射极电压及电流。交流分析用于评估电路对小信号的频率响应，通过这种分析，可以了解电路的增益、相位裕度、带宽和稳定性等特性。瞬态分析用于研究电路在非规范信号，如快速负载变化或输入信号突变时的行为，有助于评估电路对大信号或瞬态事件的响应能力，例如在开关电源或信号处理电路中可能出现的情况。

Cadence Virtuoso 是一款强大的集成电路设计和仿真工具，它提供了多种分析功能，用于评估和优化模拟电路的性能：

（1）直流工作点分析：计算电路在直流条件下的行为，确定电路的静态工作点，包括电压和电流的稳态值。

（2）直流扫描分析：改变电路中的偏置电压或电流，分析电路在这些变化下的行为，直流扫描分析可以观察电路性能如何随偏置条件变化。

（3）瞬态分析：评估电路对时间变化信号的响应，可以计算在快速负载变化或输入信号突变时电路的瞬态行为。

（4）交流分析：评估电路对小信号的频率响应，包括计算增益、相位裕度、带宽等参数。

（5）噪声分析：评估电路中的噪声性能，确定每个电阻和半导体器件在指定输出条件下的噪声贡献。

（6）噪声图分析：提供有关设备噪声特性的详细信息，帮助设计者理解和优化电路的信噪比。

以上分析是模拟电路设计中不可或缺的一部分，通过直流分析可以确定节点电压、网格电流、支路电压和支路电流；通过交流分析可以确定共振条件、相位角、品质因数、耗散因子、最大和最小阻抗；通过瞬态分析可以确定电容器和电感器的充电和放电时间、串联和并联电路的瞬态行为及稳态误差。

【问题 24】 Cadence 工具及其功能有哪些?

答 Cadence 工具及其功能如下表所示。

序 号	工 具	目 的
1	COMPOSER	原理图
2	VIRTUOSO	布局编辑器
3	SPECTRE	仿 真
4	DIVA	DRC/LVS/ 提取

【问题 25】 模拟 IC 设计流程有哪些?

答 模拟 IC 设计流程如下所示：

（1）设计规格（design specification）：确定电路的性能要求、工作条件、封装类型等详细规格。

（2）原理图捕获（schematic capture）：使用 EDA 工具绘制电路原理图，描述门级设计，放置并连接各个组件，描述组件的电气特性，这是设计过程的起点。

（3）创建符号（symbol creation）：设计电路中使用的所有自定义组件的符号，以便于原理图的标准化和清晰化。

（4）电路仿真（circuit simulation）：进行直流、交流、瞬态和噪声仿真，验证电路设计的性能。

（5）布局（layout）：将原理图中的电路转换为物理版图，包括晶体管、电阻、电容等组件的精确放置和互连。

（6）DRC（设计规则检查）：检查版图是否符合晶圆厂的设计规则，如线宽、间距等。

（7）LVS（版图与原理图对比）：确保版图与原理图逻辑一致，没有版图错误。

（8）后仿真（post-layout simulation）：在版图完成后，再次进行仿真，考虑寄生参数的影响，确保电路性能符合设计规格。

（9）晶圆厂：将最终确认的版图交给晶圆厂，开始制造过程。

参考文献

［1］ N H Weste, K Eshraghian. Principles of CMOS VLSI design: a systems perspective. NASA STI/Recon Technical Report A, 1985: 85.

［2］ U Hilleringmann, K Goser. Optoelectronic system integration on silicon: waveguides, photodetectors, and VLSI CMOS circuits on one chip. IEEE transactions on Electron Devices, 1995, 42(5): 841-846.

［3］ https://www.vlsifacts.com/180-nm-90-nm-45-nm-whats-difference/.

［4］ http://www.electronics-tutorial.net/Digital-CMOS-Design/CMOS-Layout-Design/CMOS-Design-Flow/.

［5］ W Wolf, J Newkirk, R Mathews, R Dutton. Dumbo, a schematic-to-layout compiler. In Third Caltech Conference on Very Large Scale Integration. Berlin: Springer, 1983: 379-393.

第 3 章　物理设计自动化

3.1 介 绍

在 VLSI 的物理设计阶段，电路的每个部分都被精心转换为几何图形，这一过程对于确保电路功能至关重要。物理设计可以细分为多个子步骤，它们之间相互关联，对整个设计流程至关重要。

每个子步骤都需要精确和高效的算法来解决特定的设计问题。在物理设计的每个环节，寻找优秀的解决方案变得尤为重要，因为在早期阶段的任何疏漏都可能影响到后期阶段的设计质量。

在 IC 设计中（如基于标准单元的 ASIC、定制 ASIC、FPGA 等），物理设计主要指的是布局和布线（P&R）过程。在基于标准单元的 ASIC 的 P&R 中，每个单元被分配一个特定的几何位置，并通过金属线与其他单元相连。这一过程通常由 EDA（电子设计自动化）工具自动完成，例如 Mentor Graphics 的 Nitro-SoC。利用这些自动化工具，不仅可以确保布局的准确性，还可以显著提高设计效率，与手动布局相比，自动化工具在设计生产率上有显著优势。

3.2 物理设计自动化的单元类型

物理设计自动化是集成电路设计中将电路图转换为可在硅片上制造的物理版图的过程。在这一过程中，会使用不同类型的单元来优化设计并确保功能实现。

1. 阱接触单元

阱接触单元是集成电路版图中的关键组成部分，负责将衬底接地，而将阱接到电源上。按照规则在版图上的适当位置放置阱接触单元，可以保持 N 阱电位的恒定，这对于维持电路的电气性能至关重要。

Mentor 图形工具 Nitro 的输入输出数据如表 3.1 所示。

表 3.1 Mentor 图形工具 Nitro 的输入输出数据

输入输出数据	文件内容	扩展名
设计综合网表	从 RTL 描述中选择 ASIC 库时，由综合工具生成的门级描述（物理实体）	.v
物理库（Lef of GDS 文件，包括宏、标准单元、IO 接口等所有设计元素）	包含完整的布局信息和摘要模型，用于布局和布线，如引脚可访问性、阻塞等	.lef
时序、逻辑和功耗库	包含时序和功耗信息	.lib

输入输出数据	文件内容	扩展名
约 束	包含所有与设计相关的约束，如面积、功耗、时序	.sdc/.tcl
布局规划	如果此步骤由第三方工具完成，并且需要导入，则包含布局规划信息	.def/.pdef
QoR 报告	转录报告，包含 QoR 指标数值，如时序、拥塞、线长、面积、利用率、功耗	.log
运行转录	报告工具运行的不同操作的详细信息	.log

2. 末端单元

末端单元，如逻辑门、触发器等，在设计中通常不会直接与其他信号线进行连接（除了必要的输入输出信号），而是会连接到电源轨和地线，以获取工作所需的电源和参考地。通过精心设计末端单元结构，可确保阱层的正确接地，有效防止电荷积累，减少电场的不均匀分布，从而避免在阱层和注入层之间形成间隙。末端单元通常包含阱接地结构，确保阱区域与电源或地的电气连接，可以避免因电气性能不佳或信号干扰导致的 DRC 违例问题。

3. 解耦单元

解耦单元是设计中引入的临时电容器，位于电源和地之间，用来抵消由于动态压降而导致的功能故障。在集成电路中，许多数字逻辑门可能在相同的时钟边沿同时切换状态，这种同时切换会导致瞬态高电流，当电源远离负载（如触发器）时，由电阻引起的压降可能导致负载进入亚稳态。此时，解耦单元可以迅速释放存储的能量，以防止电源电压发生显著的波动。解耦单元也可以作为填充单元，填充版图中的空白区域，提高芯片的制造良率。解耦单元与时序器件之间的距离对电路性能有显著影响，在版图设计中，解耦单元通常被放置在电源和地网络的关键位置，如时钟树、触发器密集区域或其他高电流需求的器件附近。

4. 备用单元

在集成电路设计的初始阶段添加备用单元是一种常见的做法，用于确保版图的完整性并优化制造过程。添加备用单元的方法如下：

（1）通过单独模块添加备用单元：设计人员创建一个包含所需备用单元的单独模块，在布局和布线之前，进行版图的初步规划，确定备用单元的放置位置和数量，使用布局和布线工具的自动化功能来放置备用单元，正确设置布局和布线工具，以避免在优化过程中将备用单元误删除或移除。布局中门电路的输入不允许悬空，应根据需要与电源或地连接，输出预留未连接。

（2）在网表中添加备用单元：通过手动编辑或使用 EDA 工具的自动化脚本，在网表文件中直接添加备用单元。

5. 填充单元

填充单元的主要作用是填充空的区域并提供 N 阱和注入层的连通性，确保 N 阱和注入层在标准单元行中的均匀分布，从而提高集成电路的性能和可靠性。对于那些尺寸较小而无法进行衬底连接的单元，可以通过填充单元与相邻单元共享连接点来实现对电源或地的连接。

3.3 问题与解答

【问题1】 什么是物理设计？物理设计有哪些步骤？

答 物理设计是 IC 设计流程中的一个关键阶段，用于将电路的逻辑设计或功能描述转换成可以在硅片上制造的物理版图，描述单元的位置和它们之间的互连。物理设计步骤如图 3.1 所示。

图 3.1 物理设计步骤

【问题2】 简要说明物理设计的各个阶段。

答 物理设计主要包括六个阶段，如图 3.2 ~ 3.4 所示。

（1）导入设计：导入设计是物理设计的第一步，RTL 代码（使用硬件描述语言编写，描述了电路的功能和行为）经过逻辑综合工具处理后输出一个网表，将网表导入物理设计环境中，准备进行布局和布线。

（2）布局规划：类似于图纸设计，生成一个用于放置标准单元的芯片的基底，是对芯片内部结构的完整规划与设计。定义芯片的核心逻辑区和外围接口区，确定宏单元的大致位置和裸片尺寸，设计初步的电源网格和地网，规划 I/O 端口位置，设置时序、面积和功耗的约束，根据模块间的逻辑关系优化它们的相对位置。

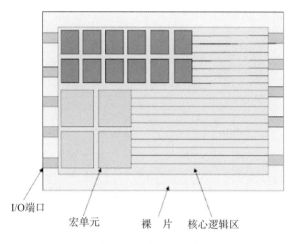

图 3.2 布局规划

（3）布局：布局是自动将标准单元和其他组件正确放置在芯片上而不重叠的过程，分为全局布局和详细布局。全局布局是指在集成电路设计初期，将电路中的各个模块或单元（如标准单元、宏单元等）放置在芯片上的合适位置，以确保电路的整体性能和功能。详细布局则是在全局布局的基础上，对电路中的每个单元进行精确的位置调整和优化。在布局阶段，通过 GRC 检查拥塞。

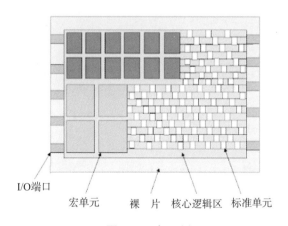

图 3.3 布 局

（4）时钟树综合：沿时钟路径自动插入缓冲器或反相器，以最小化时钟延迟和时钟偏移，确保时钟信号能够快速准确地到达芯片的各个部分。

（5）布线：在布线阶段之前，宏单元、标准单元、时钟、I/O 端口之间的连接是逻辑连接。在布线阶段，我们用金属线物理连接所有的单元。布线分为全局布线和详细布线，全局布线是确定大致的连线路径，并不做实际的连线；详细布线是依据全局布线的结果，进行实际的布线操作。

（6）核签：在布线之后，芯片的物理布局完成了。在核签阶段，完成流片之前对布局的质量和性能进行所有测试。

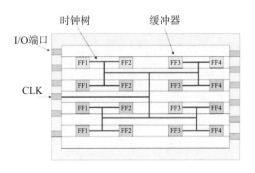

图 3.4　时钟树综合

【问题 3】　10MHz 和 100MHz 哪种设计更复杂？

答　100MHz 更复杂，因为更高的频率意味着更小的周期，更容易引发设计中的违例问题。

【问题 4】　如果同时存在 IR-drop 和拥塞问题，你将如何解决？

答　同时存在 IR-drop 和拥塞问题时，可通过如下措施解决：

（1）扩展宏单元。

（2）扩展标准单元。

（3）增加引脚宽度。

（4）增加引脚数量。

（5）使用合适的 blockage。

【问题 5】　什么是 Tie-high 和 Tie-low？

答　Tie-high 和 Tie-low 用于将晶体管的栅极连接到电源或地，避免电源和晶体管栅极直接连接。

Tie-high：一个端点连接到 VDD，另一个端点连接到晶体管的栅极。

Tie-low：一个端点连接到 VSS，另一个端点连接到晶体管的栅极。

【问题6】 在时钟树综合之前需要进行哪些检查?

答 在时钟树综合之前需要进行如下检查:

(1)检查拥塞情况:如果布局后拥塞情况特别差,存在大量的溢出,那么基于这样的数据库继续进行时钟树综合的意义不大。

(2)检查时序要求:布局后的时序要求需要基本符合设计要求。

(3)检查驱动和电容:确保高扇出网络(如 scan 使能端)已经解决了扇出问题。

(4)检查电源和地线网络:确保电源和地线网络已经预先布线完成。

(5)检查时钟结构:评估布局规划是否对时钟树友好。

(6)检查逻辑分布:确保布局后的逻辑分布合理。

【问题7】 什么是电源门控单元?

答 电源门控单元是一种用于降低 IC 功耗的技术,通过切断电源到接地之间的直接路径,从而减少电路的静态功耗。电源门控单元包括功率开关、电平转换器、保持寄存器、隔离单元、电源控制器等。

【问题8】 什么是 HFNS(高扇出网络综合)? 它在哪里使用?

答 HFNS 是对高负载网络进行缓冲以平衡负载的过程。无论是布局阶段还是综合阶段,HFNS 都扮演着关键角色,通过不同的方法和工具执行,以确保最终设计的有效性、效率和性能。

【问题9】 CTS(时钟树综合)之后的检查清单是什么?

答 CTS 之后的检查清单包括偏移报告、时钟树报告、建立和保持的时序报告、功耗和面积报告等。

【问题10】 在七层金属设计中,时钟网络通常位于第几层,为什么?

答 时钟网络通常位于相邻的两个金属层,而且是较高的金属层,例如第4金属层和第5金属层(顶部的第6金属层和第7金属层用于电源连接),因为时钟网络在设计中会消耗30% ~ 40%的功率。为了减少 IR-drop,我们一般使用低电阻金属。

【问题11】 LVS（布局与原理图对比）是什么？

答 LVS是一类EDA软件，用于确定特定IC布局是否与设计的原始原理图相对应。

【问题12】 什么是屏蔽？

答 在攻击网和受害网之间放置接地网，然后对接地网进行电压放电，以减少串扰。

【问题13】 隔离单元是什么？

答 隔离单元是由综合工具插入的附加单元，用于隔离电源门控块的输出和常开块的输入之间从的总线/导线。

【问题14】 什么是保持触发器？

答 保持触发器是带有多个电源的特殊触发器。当设计模块被关闭以进入睡眠模式时，所有触发器中的数据都希望保持状态，为此需要使用保持触发器。

【问题15】 CTS需要哪些输入？

答 CTS需要如下输入：

（1）详细布局数据库。

（2）指定的延迟和偏移目标。

（3）用于构建时钟树的缓冲器或反相器。

（4）NDR规则。

（5）时钟树DRC。

【问题16】 CTS的目标是什么？

答 CTS的目标如下：

（1）最小化时钟偏移。

（2）最小化插入延迟。

（3）最小化功耗。

【问题 17 】 CTS 对设计的影响是什么?

答 CTS 对设计的影响如下:

(1)增加了时钟缓冲器。

(2)拥塞可能会增加。

(3)非时钟单元可能已移动到不太理想的位置。

(4)可能引入时序和 max transition/max capacitance 违例。

【问题 18 】 为什么要进行 HFNS(高扇出网络综合)?

答 过高的负载会影响延时和过渡时间,因此常使用 HFNS 进行缓冲以平衡负载。

【问题 19 】 什么是硬宏?

答 将通用接口电路等硬件模块抽象出来,作为专用硬件嵌入 FPGA 芯片,这些专用硬件电路一般称为硬宏(hard macro)。硬件乘法器和 DSP 块属于硬宏,此外还有高速串行通信接口、外部 DRAM 接口、模数转换器等多种硬宏。通常情况下,硬宏的位置和大小基本固定,我们不知道硬宏内部使用的是哪种类型的门,只知道时序信息,不知道功能信息。

【问题 20 】 什么是软宏?

答 软宏(soft macro)通常由标准单元组合而成,可以在不同的芯片设计中进行重新配置和调整。我们知道软宏内部使用的是哪种类型的门,也知道时序信息和功能信息。

【问题 21 】 如何估算宏之间的 channel 间距?

答 宏之间的 channel 间距可如下估算:

$$宏之间的\ channel\ 间距 = 宏引脚数 \times 金属层间距 / 总层数$$

【问题 22 】 什么是 CTO(时钟树优化)?

答 作为 CTS 的一部分,CTO 主要关注于通过调整和优化时钟网络的各种参数来提高时钟信号的传输效率,这些参数包括插入延迟、清扫区域、显式同步/停止引脚、浮点引脚等。通过精确控制这些参数,CTO 能够显著减少时钟偏移和插入延迟,确保时钟信号在芯片上的传输更加准确和可靠。

【问题 23】 为什么我们应该在 CTS 之前解决建立时间违例问题，在 CTS 之后解决保持时间违例问题？

答 建立时间违例取决于数据路径，而保持时间违例取决于时钟路径。在 CTS 之前，时钟路径由逻辑综合生成，还没有进行时钟优化，时钟路径可能会很长，信号的延迟和抖动可能会很大，导致时钟信号的稳定性和可靠性下降；在 CTS 之后，时钟路径经过优化，包括选择合适的时钟分配方案、缩短时钟路径、降低时钟抖动等，此外，还会进行时钟树的布线，以及时钟缓冲器的插入和优化，从而保证时钟信号的稳定性和可靠性，这就是为什么保持时间违例问题在 CTS 之后被修复。

【问题 24】 什么是全局布线？

答 全局布线并不进行实际的连线，只是对互连进行规划，为每个线网寻求一个布线路径，将各个线网的各个部分合理地分配到各个布线通道中去，并明确定义各布线通道区中的布线问题，其目标是为详细布线提供详细的布线指导。

【问题 25】 什么是详细布线？

答 详细布线使用全局布线得到的各连线使用的通道信息，来决定各互连线的确切位置和所在金属层。

【问题 26】 虚拟时钟的作用是什么？

答 虚拟时钟是一种在设计中不存在的时钟，是没有时钟源的时钟，表示那些不直接与设计中的引脚和端口直接交互的时钟信号，主要用于设定输入和输出延时。

【问题 27】 什么是 MMMC（多模式多工艺角）？

答 MMMC 是一种模式和工艺角的组合，用于特定的时序检查，如建立时间检查和保持时间检查。

【问题 28】 分层设计和扁平化设计之间有什么区别？

答 分层设计具有层次结构中的块和子块；扁平化设计没有子块，只有逻辑器件。分层设计需要更多运行时间，而扁平化设计需要较少的运行时间。

【问题 29】 在功耗分析期间，如果遇到 IR-drop 问题，应该如何解决？

答 应该如下解决：

（1）增加功率金属层宽度。

（2）选择高金属层。

（3）扩展宏单元或标准单元。

（4）提供更多跨接。

【问题 30】 布线阶段包含哪些具体内容？

答 布线是集成电路设计流程中的一个关键步骤，它负责实现逻辑元件之间的物理连接，具体内容如下：

（1）全局布线。

（2）布线通道分配。

（3）详细布线。

（4）修复布线冲突。

【问题 31】 SOI（绝缘衬底上的硅）技术的优点有哪些？

答 SOI 技术具有如下优点：

（1）减小了寄生电容。

（2）提高了运行速度。

（3）具有更低的功耗。

（4）消除了闩锁效应。

（5）减少了短沟道效应。

（6）低阈值电压。

【问题 32】 放置宏的准则是什么？

答 放置宏的准则如下：

（1）参考飞线来放置宏单元，使内部连接线尽可能短且直。

（2）在芯片核心边缘放置宏单元，同时在宏单元和芯片边缘之间预留一些空间。

（3）符合 poly orientation。

（4）在宏单元之间预留一些布线通道。

（5）避免十字形的宏单元放置。

（6）宏对齐。

（7）为电源网络预留空间。

（8）确保宏单元周围不会出现标准单元。

（9）防止 std 放置得太靠近宏。

（10）尽可能保持标准单元区域的宽高比接近 1.0。

（11）尽可能使标准单元放置区域连续。

（12）和 core logic 保持一定距离，防止 latch-up。

（13）考虑 PG pin 和 PG net 的走向，考虑 IR DROP。

（14）符合时钟走向，比如 PLL 要靠近 des，缩短 clock 长度。

【问题 33】 物理设计（PD）中的合理性检查有哪些?

答 PD 中的合理性检查包括：

（1）检查库（Check_library）。

（2）检查时间（Check_timing）。

（3）检查设计（Check_design）。

（4）报告约束（Report_constraint）。

（5）报告时间（Report_timing）。

（6）报告 QOR（Report_QOR）。

【问题 34】 Halo 和 Blockage 之间有什么区别?

答 Halo 是设计中固定宏周围的区域，在这个区域内不能放置其他宏或标准单元，如果宏移动，Halo 也会移动。

Blockage 是需要指定特定区域的，不会随着宏的移动而移动。

【问题 35】 为什么在布线之前应用 NDR（non-default routing rule，非默认布线规则）?

答 有时使用默认布线很难避免串扰、电迁移。在布线阶段修复串扰、电迁移非常困难，因此我们在布线之前应用 NDR（双倍间距、双倍宽度）。

【问题 36】 阻塞类型有哪些?

答 阻塞有如下三种类型:

（1）硬阻塞：在布局布线阶段不允许出现反相器、缓冲器和标准单元。

（2）软阻塞：在布局布线阶段只允许出现反相器和缓冲器，不允许出现标准单元。

（3）部分阻塞：在布局布线阶段以百分比的形式允许缓冲器和标准单元出现。

【问题 37】 什么是拥塞?

答 当可用通道少于所需通道时，即信号多于通道时，会发生拥塞。

【问题 38】 如何解决拥塞问题?

答 可以通过以下措施解决拥塞：

（1）拥塞驱动布局。

（2）调整拥塞区域的单元密度（高单元密度会导致拥塞）。

（3）修改扁平化设计。

【问题 39】 物理验证包含哪些内容?

答 物理验证包括：

（1）LVS（布局与原理图对比）。

（2）DRC（设计规则检查）。

（3）ERC（电气规则检查）。

（4）LEC（逻辑等效性检查）。

【问题 40】 如何同时解决建立时间违例和保持时间违例?

答 同时解决建立时间违例和保持时间违例是不可能的，因为如果我们增加数据路径的延迟，对于保持时间是有利的，但对于建立时间是不利的。有一种折中的办法：为保持时间修复数据路径，降低时钟频率以解决建立时间问题（这不是一个有效的解决方案，但我们没有其他选择）。

【问题41】 如何避免串扰?

答 可以通过以下措施避免串扰:

（1）增加攻击网和受害网的间距。

（2）使用屏蔽线。

（3）保持稳定的供电。

（4）增加单元的驱动强度。

（5）层跳跃。

（6）增加受害线宽度，减小电阻。

（7）使用保护环。

（8）单元尺寸调整（增大）。

【问题42】 什么是扫描链重排序?

答 这是重新连接设计中的扫描链以优化布线的过程，通过重新排序扫描链连接来改善时序和拥塞情况。

【问题43】 布局规划中行的概念是什么?

答 设计中的标准单元是按行放置的，所有行的高度和间距相等，行的宽度可以变化。行中的标准单元从VDD和VSS轨道获取电源和地线连接，因此，它们可以共享VDD-VSS-VDD模式中的电源和地线轨道。

【问题44】 NDR的优势是什么?

答 NDR具有如下优势:

（1）通过应用双倍宽度，可以避免电迁移效应。

（2）通过应用双倍间距，可以避免串扰。

（3）有利于避免较低金属层的拥塞。

（4）增强标准单元的引脚可访问性。

【问题45】 什么是温度反转效应（temperature inversion）?

答 在90nm以上的工艺中，随着温度的升高，单元延迟随之增大。然而，在65nm以下的工艺中，情况发生了变化，随着温度的降低，单元延迟反而增大，即单元延迟与温度成反比。

【问题 46 】 在寄存器到寄存器路径中,如果遇到建立时间问题,应该在哪里插入缓冲区?

答 我们可以在发射触发器附近插入缓冲区,从而减少过渡时间。该操作会减少导线延迟,进一步减少总延迟。当到达时间减少时,建立时间违例将减少(所需时间 − 到达时间)。

【问题 47 】 什么是分区?

答 分区是将芯片分成小块的过程,主要是为了分离不同的功能块,同时也使布局和布线更容易。

【问题 48 】 为什么要插入双倍数量的过孔?

答 为了减少由于通孔故障而导致的良率损失,一般会插入双倍数量的过孔,然后修改布线以修复任何 DRC。

【问题 49 】 什么是金属填充插入?

答 在蚀刻时,由于使用了某些化学物质,导致金属损失增加,为了解决该问题,我们插入金属填充物。

【问题 50 】 什么是金属槽(metal slotting)?

答 金属槽是一种避免金属脱落和金属侵蚀等问题的技术。

【问题 51 】 CMOS 电路的功耗有哪几种?

答 CMOS 电路的功耗由动态功耗和静态功耗组成:

(1)动态功耗:通过 CMOS 电路的信号改变逻辑状态时对输出节点的负载电容充放电所消耗的功率。

(2)静态功耗:亚阈值状态时 CMOS 晶体管中反向偏置二极管消耗的功率。

【问题 52 】 什么是凹坑效应(dishing effect)?

答 凹坑效应是指在半导体制程中,当外部作用力增加时,导致薄膜的中央区域凸起,周围区域凹陷的现象。这种现象通常发生在化学机械抛光(CMP)等工艺中,因为在这些工艺中,薄膜表面经常需要受到机械力的影响。通过一些虚拟填充技术可以有效减少凹坑效应。

【问题 53】 什么是CMP（化学机械抛光）？

答 CMP 是一种通过化学和机械相结合的方式对硅片表面进行精确研磨和抛光的技术，能够实现硅片表面的全局平坦化，为后续的工艺提供良好的基础。

【问题 54】 放置阻塞（placement blockage）的用途是什么？

答 放置阻塞是布局时经常使用的一种人为约束，其作用如下：

（1）定义标准单元和宏区域。

（2）为缓冲插入保留通道。

（3）防止单元被放置在宏区域附近。

（4）防止宏区域附近的拥塞。

【问题 55】 全局布线有哪些类型？

答 全局布线有如下类型：

（1）时间驱动的全局布线。

（2）串扰驱动的全局布线。

（3）增量全局布线。

【问题 56】 LVS 中解决的违例有哪些？

答 LVS 中解决的违例有如下几种：

（1）短路。

（2）断路。

（3）缺少文本层。

（4）GDS 中缺少库。

（5）缺少软层（soft layers）。

【问题 57】 如何修复建立时间违例和保持时间违例？

答 建立时间违例的修复方法如下：

（1）减少路径中的缓冲器数量。

（2）用 2 个反相器替换缓冲器。

（3）用 LVT 单元替换 HVT 单元。

（4）增加驱动器大小 / 强度。

（5）插入中继器。

（6）调整布局中的单元位置。

保持时间违例的修复方法如下：

（1）在数据路径中添加延迟。

（2）减小数据路径的驱动强度。

【问题 58】 布局规划的输入是什么？

答 布局规划的输入包含以下内容：

（1）.v 文件。

（2）.lib 和 .lef 文件。

（3）.sdc 文件。

（4）tlu + 文件。

（5）设计的物理分区信息。

（6）高度、宽度、长宽比、利用率等参数。

（7）引脚 /PAD 位置。

【问题 59】 布局规划的输出是什么？

答 布局规划的输出包含以下内容：

（1）裸片 / 块面积。

（2）I/O 焊盘位置。

（3）宏块位置。

（4）电源网格设计。

（5）电源预布线。

（6）标准单元放置区域。

【问题60】 什么是避开圈（keepout margin）？

答 避开圈是在宏或者标准单元边界周围上定义的区域，该区域不允许其他宏或标准单元放置进来，只允许在其区域内使用缓冲器和反相器。

【问题61】 如何综合时钟树？

答 综合时钟树的方式如下：

（1）单时钟：正常综合和优化。

（2）多时钟：分别综合每个时钟。

（3）多时钟域交叉综合：需要分别综合每个时钟并平衡偏移。

【问题62】 什么是IR-drop？

答 IR-drop是指集成电路中电源和地网络上电压下降和升高的一种现象。由于工艺的不断演进，金属互连线的宽度越来越窄，电阻值越来越大，供电电压越来越小，IR-drop的效应越来越明显。

【问题63】 如何使用HVT和LVT在设计中减少功耗？

答 当我们有正余量时，在路径中使用HVT单元；当我们有负余量时，在路径中使用LVT单元。HVT单元具有较大的延迟和较少的漏电功率，LVT单元具有较少的延迟和更多的漏电功率。要想满足时序要求，使用LVT单元；要想减少漏电功率，使用HVT单元。

【问题64】 什么是线负载模型（WLM）？

答 线负载模型是综合阶段用于估算电容、电阻和互连线的面积开销的模型。线负载模型依赖于块的面积，不同面积的设计可以采用不同的线负载模型。

【问题65】 什么是信号完整性？

答 信号完整性是指电信号可以可靠地传输信息，并抵抗高频电磁干扰（串扰、电磁）的影响。

【问题66】 串扰总是会导致违例吗？

答 是的，因为串扰会增加或减少信号的能量，从而导致建立时间违例或保持时间违例。

【问题 67】 正边沿或负边沿触发的触发器如何影响建立时间违例和保持时间违例?

答 正边沿触发器有利于建立时间（建立时间违例将减少），负边沿触发器有利于保持时间（保持时间违例将减少）。

【问题 68】 电源规划的输入和输出是什么?

答 电源规划的输入:

（1）具有有效布局规划的数据库。

（2）功率环和功率带宽度。

（3）VDD 和 VSS 的间距。

电源规划的输出:具有功率结构的设计。

【问题 69】 布局布线的输入和输出是什么?

答 布局布线的输入:

（1）网表。

（2）映射和扁平化设计。

（3）逻辑和物理库设计约束。

布局布线的输出:

（1）物理布局信息。

（2）单元放置位置。

（3）库的物理布局、时序和技术信息。

【问题 70】 增加单元的负载,将如何影响延迟?

答 负载增加将导致驱动门上的电容负载增加,使传播延迟更长。

【问题 71】 什么是吸附摆放（magnetic placement）?

答 为了改善设计的时序或复杂布局规划的拥挤,我们使用吸附摆放来指定固定对象,像磁铁一样,使它们连接的标准单元相互靠近。为了获得最佳结果,一般在放置标准单元之前进行吸附摆放。

【问题 72】 查找表是什么？

答 查找表主要用于存储标准单元的延迟值，这些延迟值是通过改变输入过渡时间（input transition）和输出负载（output load）来仿真得到的。

【问题 73】 低功耗设计有哪些方法？

答 低功耗设计方法如下：

（1）时钟门控。

（2）多电压域设计。

（3）电源门控。

（4）多种阈值电压的标准库。

【问题 74】 在 primetime 中进行的检查有哪些？

答 在 primetime 中进行的检查如下：

（1）时序（建立时间、保持时间、过渡时间）。

（2）设计约束。

（3）网络。

（4）噪声。

（5）时钟偏移。

【问题 75】 在规划布局阶段进行什么分析？

答 在规划布局阶段进行的分析如下：

（1）宏的重叠。

（2）允许的 IR-drop。

（3）全局布线拥塞。

（4）设计的物理信息。

【问题 76】 延迟模型有哪些不同类型？

答 延迟模型有如下几种类型：

（1）WLM（线负载模型）

（2）NLDM（非线性延迟模型）

（3）CCS（复合电流源模型）

【问题 77】 为什么要在布局中应用 NDR？

答 在布局中应用 NDR，是为了避免拥塞和时序问题，这些问题在布线时很难修复。NDR 是特殊规则，如双倍间距和双倍宽度。

【问题 78】 什么是电源网格？

答 水平电源带和垂直电源带分别沿着芯片的水平方向和垂直方向布置，它们通过连接点相互连接，形成网格状结构，称为电源网格。电源网格有助于确保芯片上各个部分都能获得足够的电源供应，同时减少电源线路上的电阻和电压降，从而提高芯片的整体性能和稳定性。

【问题 79】 为什么 I/O 单元要放在设计中？

答 I/O 单元是在芯片外部块与内部块之间进行交互的单元。在布局规划阶段，I/O 单元被放置在核心硅片和封装芯片之间，这些单元负责为核心单元提供电压。

【问题 80】 布局规划中的复杂单元（complex cells）是什么？

答 布局规划中的复杂单元是根据功能需求由一组标准单元组成的，这种单元的高度大于标准单元，小于宏单元。

【问题 81】 如何修复电迁移（EM）？

答 修复 EM 的方法如下：

（1）缩小驱动器。

（2）增加金属宽度。

（3）增加更多的过孔。

（4）扩展单元。

【问题 82】 什么是 SOI 技术？

答 SOI 技术是在硅基底上添加一层绝缘材料，形成绝缘体上的硅结构。这种设计有效隔离了芯片内部不同部分之间的电流泄漏和互相干扰，同时具备高可靠、低功耗、耐高温高压/负压等特性。SOI 技术能够实现更快的半导体器件、更低的漏电流、优化的性能、更低的结电容，以及更低的功耗。

【问题83】 什么是攻击网（aggressor net）和受害网（victim net）？

答 这两个术语经常出现在串扰概念中。

攻击网：对附近网（受害网）产生影响的网。

受害网：从附近网（攻击者）接收影响的网。

参考文献

［1］ N A Sherwani. Algorithms for VLSI physical design automation. Springer Science & Business Media, 2012.

［2］ https://vlsibasic. blogspot. com/2014/01/.

［3］ S M Sait, H Youssef. VLSI physical design automation: theory and practice (Vol. 6). World Scientific Publishing Company, 1999.

［4］ C J Alpert, D P Mehta, S S Sapatnekar. Handbook of algorithms for physical design automation. Auerbach Publications, 2008.

［5］ S K Lim. Practical problems in VLSI physical design automation. Springer Science & Business Media, 2008.

第 4 章　VLSI电路测试

4.1　介　绍

测试是 VLSI 设计周期的一个重要组成部分。随着集成电路技术的进步，设计变得越来越复杂，使得测试变得具有挑战性。测试占据设计过程的 60% ~ 80% 的时间。电路工程师需要遵循良好结构的测试方法，以确保高良率，并在制造后正确检测出有缺陷的芯片。

IC 测试或 VLSI 测试术指的是在芯片制造后进行的那些程序，以检测可能的制造缺陷。IC 制造是一个高度复杂和精细的过程，涉及多个环节和步骤，从设计、制造到封装测试，每个环节都对精度和效率有着极高的要求。随着技术的发展，手动测试已经无法满足 IC 制造中固有的复杂需求，因此，自动化测试系统的开发成为必然趋势。

10 倍法则

缺陷越早被检测出，最终产品的成本就越低。10 倍法则表明，检测到有缺陷设备的成本会随着从制造阶段到下一个阶段（设备→板→系统）的移动而增加一个数量级。

4.2　电路测试

电路测试是将一组测试激励应用于待测电路并观察结果，包括：

（1）待测电路（CUT）的输入。

（2）分析输出响应。

（3）如果不正确（失败），则假定 CUT 有故障；如果正确（通过），则假定 CUT 无故障。

VLSI 测试生命周期如图 4.1 所示，不同测试阶段如图 4.2 所示。

图 4.1　VLSI 测试生命周期

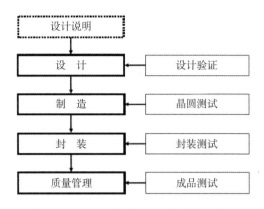

图 4.2 VLSI 周期中的不同测试阶段

1. VLSI 开发中的测试

IC 测试机或 ATE（自动测试设备）是一种检测芯片功能和性能的电子测量仪器，用于向半导体器件提供电信号，将输出信号与预期值进行比较，以测试设备是否按照设计规格正常工作。

根据测试类型的不同，测试机又分为逻辑测试机、存储测试机和模拟测试机，这些测试通常用在晶圆测试和封装测试。

晶圆测试，也称为切片测试或探针测试，用于测试晶圆，是通过探针台和测试机的配合使用，对晶圆上的裸芯片进行功能和电参数测试。

封装测试，也称为最终测试，用于封装后的测试，是通过分选机和测试机的配合使用，对封装完成后的芯片进行功能和电参数测试。

芯片制造过程中，缺陷是不可避免的，这些缺陷可能源于材料、结构、工艺偏差或设备问题等多种原因。为了提高芯片的质量和可靠性，对制造过程中的缺陷进行深入分析和改进是非常重要的。

制造缺陷会导致一定比例的 IC 出现故障。制造工艺的良率被定义为总制造元件数量中可使用元件数量的百分比，即

良率 = 可使用元件数量 / 总制造元件数量

2. 可测试性设计（DFT）

DFT 是在微电子芯片产品设计中加入先进的测试设计，使得所设计芯片的制造测试、开发和应用变得更为容易和便宜。制造测试的目的是验证产品硬件不包含可能对产品正常功能造成不利影响的制造缺陷。

（1）自动测试向量生成（ATPG）：ATPG 是一种基于故障模型或电路结

构而非功能的测试方法，通过输入特定的测试向量激活故障，创建用于激活和检测故障的测试向量集合，对生成的测试向量进行故障模拟，验证其有效性，处理已检测的故障，记录和报告故障检测结果。

（2）缺陷和错误：测试是识别缺陷的过程，其中缺陷是实际输出与预期输出之间的差异。HDL 编码中的错误称为错误，而在回片后由测试人员发现的错误称为缺陷。如果产品或设计不符合要求，那么它被视为故障。因此，缺陷是制造过程中因设备引起的错误。

3. 故障模型

故障模型是对缺陷如何改变设计行为的数学描述。在对某个待测设备（DUT）应用测试向量时，设备主要输出的逻辑值称为该测试向量的输出。在测试一个无故障、完全按设计工作的设备时，测试向量的输出称为该测试向量的预期输出。

数字电路中的故障模型包括：

（1）固定型故障（stuck-at fault）：不管输入激励如何变化，节点保持在逻辑高（1）或逻辑低（0）的状态。

（2）桥接故障（bridging fault）：两根不应该接到一起的信号线意外连接到了一起。根据所采用的逻辑电路，可能导致"线与"或"线或"的逻辑功能。

（3）晶体管故障（transistor faults）：用于描述 CMOS 逻辑门的故障。在晶体管级别，晶体管可能出现常闭或常开。常闭是指晶体管表现为始终导通，常开是指晶体管永远不导通电流。常闭将导致 VDD 和 VSS 之间短路。

（4）开路故障（open fault）：芯片中原本应该形成通路的连接出现断开，导致信号无法正常传递。与桥接故障一样，最终的行为取决于电路实现。

（5）延迟故障（delay fault）：即使电路结构无误，信号传播的延迟也可能导致异常。电路结构设计不合理或者元件参数变化都可能引起延迟故障。

4.3　问题与解答

【问题 1】　你对 VLSI 测试有什么理解？

答　VLSI 测试流程包括测试计划制定、测试向量生成、测试向量应用和测试结果评估。电路工程师需要遵循良好结构的测试方法,以确保高良率,并在制造后正确检测出有缺陷的芯片。

如果 N 是晶体管的数量,P 是晶体管故障的概率,则芯片故障的概率是 $1-(1-P)^N$。

【问题 2】 芯片测试可以在哪些阶段进行?

答 芯片测试可以在以下阶段进行:

(1)晶圆级。

(2)封装级。

(3)板级。

(4)系统级。

(5)现场。

【问题 3】 测试有哪些种类?

答 测试分为功能测试(functional test)和制造测试(manufacturing test)。

【问题 4】 什么是功能测试?

答 作为对芯片功能验证的延续,功能测试主要用于验证 IC 是否按照其设计功能正常运行。通过将不同的验证用例施加在芯片上,验证芯片是否执行其预期功能。功能测试通常在 IC 封装完成后进行,以确保整个芯片在实际使用中能够正常工作。

【问题 5】 什么是制造测试?

答 制造测试是在芯片出厂前进行的一系列结构化测试,主要用于筛选出由于工艺缺陷导致的废片,包括晶圆测试和封装测试。制造测试的目的是确保每个出厂的芯片都符合设计规范,具有高可靠性。

【问题 6】 芯片中可能出现的缺陷有哪些?

答 芯片中可能出现如下缺陷:

(1)层间短路。

(2)不连续导线。

（3）薄氧化物到衬底或阱短路。

（4）氧化物击穿。

（5）电迁移，主要是由于金属原子在电流通过导线时的传输引起的。由于铝的低熔点，具有较大的自扩散性，增加了其电迁移的风险。

【问题7】 如何克服问题6中的缺陷?

答 对于问题 6 中的缺陷，可以通过如下方式克服：

（1）节点短接到电源或地。

（2）节点相互短接。

（3）输入浮动 / 输出断开。

【问题8】 I/O 完整性测试包括哪些内容?

答 I/O 完整性测试包括如下内容：

（1）I/O 电平测试。

（2）速度测试。

（3）IDD 测试。

【问题9】 什么是故障模型?

答 为了便于分析和判断故障，需要将故障的特征进行抽象和分类，把呈现同样效果的故障归并成同一种故障类型，并使用同一种描述方法，这种故障描述方式称为故障模型。

【问题 10】 故障模型有哪些类型?

答 故障模型包括以下五类：

（1）固定型故障。

（2）桥接故障。

（3）晶体管故障。

（4）开路故障。

（5）延迟故障。

【问题 11】 什么是固定型故障?

答 不管输入激励如何变化,节点保持在逻辑高(1)或逻辑低(0)的状态。固定型故障最常见的原因是氧化层短路或金属间短路。

固定型故障具有如下特点:

(1)只有一条线路有故障。

(2)故障线路永久设置为 0 或 1。

(3)故障可以出现在门的输入或输出处。

(4)简单的逻辑模型独立于技术细节。

(5)减少了故障检测算法的复杂性。

【问题 12】 什么是可观测性(observability)?

答 可观测性是指通过控制输入变量,将电路内部节点的故障传播到输出端以便对其进行观察的难易程度。

【问题 13】 什么是可控制性(controllability)?

答 可控制性是指通过电路初始化输入端,控制电路内部节点逻辑状态(1或 0)的难易程度。

【问题 14】 什么是故障覆盖率?

答 故障覆盖率是指测试向量能够检测到的故障数量占总故障数量的比例。

【问题 15】 什么是故障分级(fault grading)?

答 故障分级包括两个步骤:

(1)选择要发生故障的节点,运行一个没有插入故障的模拟,并保存这个模拟的结果。

(2)将要发生故障的每个节点或线路设置为 0,然后设置为 1,并应用测试向量集。

如果在故障电路响应和正常电路响应之间检测到差异,则说明故障已被检测到,并停止模拟。

【问题 16】 如何增加故障模拟速度?

答 通过下述方式可以增加故障模拟速度:

（1）并行模拟。

（2）并发模拟。

【问题 17】 什么是故障抽样（fault sampling）?

答 无法对电路中的每个节点进行故障检测时一般使用故障抽样。抽样的节点是随机选择的，由此产生的故障检测率可以从检测到的故障数量和集合大小推断出来。随机选择的故障是客观公正的，它将确定故障覆盖率是否超过所需水平。

【问题 18】 常见的可测试性技术有哪些?

答 常见的可测试性技术包括:

（1）随机测试。

（2）边界扫描。

（3）扫描测试。

（4）内建自测试。

【问题 19】 随机测试常见方法有哪些?

答 随机测试常见方法如下所示:

（1）最小化冗余逻辑。

（2）最小化异步逻辑。

（3）从逻辑电路中隔离时钟。

（4）增加内部的控制点和观察点。

【问题 20】 扫描测试常见方法有哪些?

答 扫描测试常见方法如下:

（1）电平敏感扫描设计。

（2）串行扫描。

（3）部分串行扫描。

（4）并行扫描。

【问题 21】　LSSD 中的两个原则是什么?

答　LSSD 中的两个原则如下:

（1）电路是电平敏感的。

（2）每个寄存器可以转换为串行移位寄存器。

【问题 22】　自测试技术有哪些?

答　自测试技术包括:

（1）特征分析和 BILBO。

（2）存储器内建自测试。

（3）迭代逻辑阵列测试。

【问题 23】　BILBO 是什么?

答　为了使电路中触发器的总数最少,对电路中只完成逻辑功能的寄存器进行再设计,使其具有测试生成和特征符号分析功能,这种寄存器结构称为 BILBO（内建逻辑块观察器）。

【问题 24】　IDDQ 测试是什么?

答　IDDQ 测试是用于桥接故障测试的一种流行方法,当互补的 CMOS 逻辑门不切换时,它不会产生直流电流,当发生桥接故障时,对于某些输入条件的组合,将会产生可测量的直流 IDD。

【问题 25】　芯片级测试技术的应用有哪些?

答　芯片级测试技术主要应用于:

（1）常规逻辑阵列。

（2）存储器。

（3）随机逻辑。

【问题 26】　什么是边界扫描?

答　电路板的日益复杂和表面贴装技术等技术的转变,使系统设计师达成一致,采用了一种统一的基于扫描的方法,即边界扫描（boundary scan）,用于在电路板（任何系统）级别上测试芯片。

【问题 27】 什么是测试访问端口?

答 测试访问端口(TAP)是芯片内部一个通用的端口,通过 TAP 可以访问芯片提供的所有数据寄存器(DR)和指令寄存器(IR),对整个 TAP 的控制是通过 TAP 控制器完成的。TAP 包含四个专用测试引脚和一个可选测试引脚(TRST):

(1)TCK:时钟信号,用于同步数据传输。

(2)TMS:用于选择测试模式。

(3)TDI:用于测试数据输入。

(4)TDO:用于测试数据输出。

(5)TRST:测试复位信号,用于复位被测设备。

【问题 28】 测试架构的内容是什么?

答 测试架构包括:

(1)TAP 引脚。

(2)一组测试数据寄存器。

(3)一个指令寄存器。

(4)一个 TAP 控制器。

【问题 29】 什么是 TAP 控制器?

答 TAP 控制器是一个具有 16 个状态的有限状态机,根据 TCK 和 TMS 信号从一个状态转移到另一个状态。TAP 控制器生成各种控制信号(串行移位时钟和更新时钟)来控制指令寄存器和测试数据寄存器。

【问题 30】 什么是测试数据寄存器?

答 测试数据寄存器(test data register)用于存储测试向量数据,它是扫描链(scan chain)的一部分。测试数据可以被输入到芯片进行测试,也可以从芯片中读取出来作为测试结果。测试数据寄存器又分为不同的子寄存器,包括边界扫描寄存器、旁路寄存器和 TDO 驱动器。

【问题 31】 什么是边界扫描寄存器?

答 边界扫描寄存器(boundary scan register)是边界扫描技术的关键,

用于在芯片的引脚之间插入可控的测试逻辑。边界扫描寄存器允许在芯片的输入和输出之间插入额外的逻辑电路，以便执行连通性测试、故障定位等操作。边界扫描寄存器存储了扫描链上的测试向量数据，可以通过 TAP 控制器进行加载和读取。

【问题 32】 电路应该在哪个级别进行测试？

答 芯片设计是一个复杂且耗时的过程，涉及从概念到实现的多个阶段。在这个过程中，任何错误都可能导致时间和金钱的浪费。为了确保芯片的性能和可靠性，电路级别的测试至关重要。这种测试不仅是为了验证电路设计的正确性，还包括确保电路在实际应用中的性能和稳定性。通过在芯片级别进行测试，可以及早发现并纠正设计中的错误，从而避免后期生产和应用中的问题，减少因设计错误而导致的成本增加和时间延误。

【问题 33】 请画出 VLSI 设计流程图。

答 VLSI 设计流程图如图 4.3 所示。

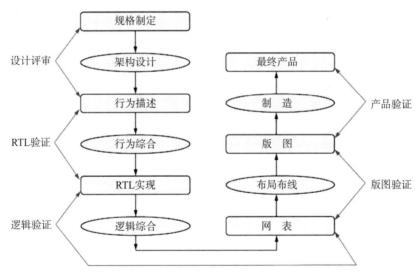

图 4.3 VLSI 设计流程图

【问题 34】 芯片测试和芯片诊断有什么区别？

答 芯片测试的作用是检测芯片是否出现问题，芯片诊断的作用是确定芯片出了什么问题。

【问题 35】 请画出 DFT（可测试性设计）流程图。

答 DFT 是芯片设计环节中的一个关键部分，其主要目的是在设计阶段就考虑测试的需求，以提高芯片的可测试性，降低测试成本和时间。DFT 通过在设计时添加特定的测试逻辑和结构，使得在芯片制造完成后，ATE 等测试设备能够更有效地进行测试。DFT 流程图如图 4.4 所示。

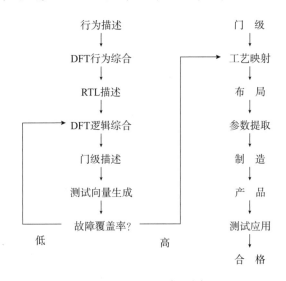

图 4.4 DFT 流程图

【问题 36】 验证和测试有什么区别？

答 测试是指对芯片进行测试，以确保芯片的质量和性能符合规格要求。测试通常是在芯片制造完成后进行的，目的是检测芯片的电气特性、功能和可靠性等方面的问题，以确保芯片能够正常工作。

验证是指对芯片进行验证，以确保芯片的功能和性能符合设计要求。验证通常是在芯片设计完成后进行的，目的是检测芯片的功能、性能和可靠性等方面的问题，以确保芯片能够满足用户的需求。

综合来看，测试和验证的概念不同，测试是在制造过程中进行的，验证是在设计过程中进行的；测试和验证的目的不同，测试的目的是检测芯片的质量和性能，验证的目的是检测芯片的功能和性能。

【问题 37】 通过 Re-convergent 路径模型展示验证和测试过程。

答 图 4.5 显示了用于验证和测试的 Re-convergent 路径模型。

【问题 38】 缺陷、故障和错误有什么区别?

答 缺陷是指在设计或制造过程中由于各种原因导致的不符合预期设计的问题。

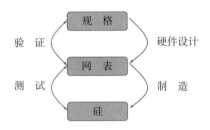

图 4.5 Re-convergent 路径模型

故障是指由于缺陷而导致的电路逻辑功能错误或电路异常操作。

错误是由故障或设计错误引起的，产生错误的输出信号。

【问题 39】 用与门解释缺陷、故障和错误。

答 图 4.6 是一个两输入与门。

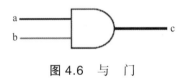

图 4.6 与 门

如图 4.7 所示，对地短路导致缺陷；信号 b 卡在逻辑 0 处导致故障；$a=1$，$b=1$，$c=0$，导致错误（正确输出应该是 $c=1$）。

图 4.7 逻辑门中的缺陷

需要注意的是，对于任意条件的输入，错误并不是一直发生的，只要至少一个输入为 0，输出中就没有错误。

【问题 40】 故障测试的流程什么?

答 故障测试的流程如 4.8 所示。

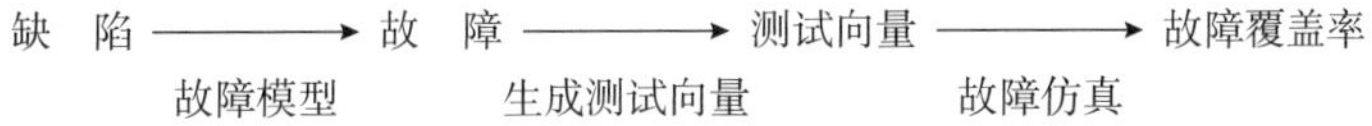

缺 陷 ——→ 故 障 ——→ 测试向量 ——→ 故障覆盖率
　　　故障模型　　生成测试向量　　故障仿真

图 4.8 故障测试的流程

【问题 41】 芯片测试中的 10 倍法则是什么?

答 芯片在组装到 PCB 之前必须进行测试,而 PCB 在组装到系统之前必须进行测试。

如果芯片故障未被芯片测试检测到,则在 PCB 级别找到故障的成本是芯片级别的 10 倍。

同样,如果 PCB 测试未发现板故障,则在系统级别找到故障的成本是板级别的 10 倍。

【问题 42】 如何计算芯片的成本?

答 在制造过程中产生的良好芯片的比例(或百分比)称为良率,用符号 Y 表示。

$$芯片成本 = \frac{加工和测试晶片的成本}{Y \times 晶片上的芯片数量}$$

【问题 43】 什么是故障覆盖率?

答 故障覆盖率是测试过程中能被测试向量检测到的故障数与电路中可能存在的故障数的比值。故障覆盖率公式如下所示:

$$故障覆盖率 = \frac{检测到的故障数}{可能的故障数}$$

【问题 44】检测限(detection limit,DL)是什么?

答 DL 是通过测试的芯片中有缺陷芯片的比率,即

$$DL = 1 - Y^{(1-FC)}$$

DL 应该在 0 和 Y 之间,即

$$0 \leq DL \leq 1 - Y$$

DL 是测试效果的衡量标准,对于商用 VLSI 芯片,DL 大于 500 DPM(每百万缺陷率)被认为是不可接受的。

【问题 45】 质量等级(QL)是什么? QL 与 DL 之间有什么关系?

答 QL 是所有测试的零件中通过测试的零件的比例,它和 DL 的关系如下:

$$QL = 1 - DL$$

【问题 46】 有哪些不同类别的缺陷？

答 缺陷分为：

（1）随机缺陷：与设计和制程无关。

（2）系统性缺陷：取决于用于制造的设计和制程。

例如，随机缺陷可能是由制造过程中散落在晶圆上的随机颗粒引起的，系统性缺陷可能是由工艺变化、信号完整性和设计完整性问题引起的。

【问题 47】 什么是逻辑故障？

答 集成电路中的逻辑故障指的是电路的逻辑功能固定为 1 或 0，这是由于制造过程中产生的物理缺陷导致电路在逻辑行为上出现故障，这些物理缺陷包括连线的短路或开路、掺杂浓度不稳定、金属导线不规则、过孔不完整或过大等。

【问题 48】 晶体管中常见的故障模型有哪些？

答 MOS 晶体管被认为是一个理想的开关，其故障模型有以下两种：

（1）固定 1 故障（stuck-at 1）：晶体管永远保持在开路状态，即逻辑 1 状态，无法变为逻辑 0。

（2）固定 0 故障（stuck-at 0）：无论其栅极电压如何，晶体管永远保持在闭合状态，即逻辑 0 状态，无法变为逻辑"1"。

【问题 49】 故障检测、故障定位和故障诊断有什么区别？

答 故障检测用来判断集成电路是否存在故障，通常是通过施加测试来判断电路是否能够正常工作。

故障定位是在检测到故障后进一步确定故障发生的确切位置，需要使用特定的测试技术来精确地找到故障点。

故障诊断是在定位到故障点后进一步分析故障的原因和性质，分析电路的设计、制造过程及使用环境等因素，以确定导致故障的根本原因。

【问题 50】 什么是内建自测试（BIST）？

答 内建自测试是一种在集成电路内部实现自我测试的技术，它通过内置的测试电路和算法来检测集成电路的故障：

（1）生成组合逻辑的伪随机输入。

（2）将输出组合成特定图形。

（3）如果模块产生预期的特定图形，则该模块无故障。

【问题 51】 给出 ATPG（自动测试向量生成器）的流程图。

答 ATPG 流程图如图 4.9 所示。

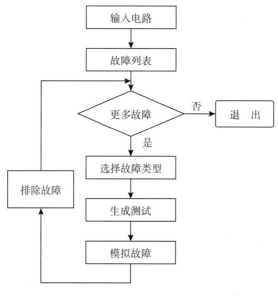

图 4.9 ATPG 的流程图

参考文献

［1］ http://www. ee. ncu. edu. tw/~{}jfli/vlsi21/lecture/ch06. pdf.

［2］ P Girard. Survey of low-power testing of VLSI circuits. IEEE Design & test of computers, 2002, 19(3): 82-92.

［3］ A Krstic, K T T Cheng. Delay fault testing for VLSI circuits (Vol. 14). Springer Science & Business Media, 2012.

［4］ N Nicolici, B Al-Hashimi. Power-constrained testing of VLSI circuits. Boston, MA: Kluwer Academic Publishers, 2003, p. 178.

［5］ https://en. wikipedia. org/wiki/Design_for_testing.

第5章 杂 项

电子与电气工程（EEE）是一门新兴且广受欢迎的学科，电子工程和电气工程是该学科的两大支柱，它们在现代技术中扮演着重要角色。如今，我们的生活与电子设备紧密相连，很难想象没有它们的世界会变成什么样。电子和通信工程（ECE）的应用遍布全球，它们几乎触及了每一个行业。

5.1 电子学分支

电子学是研究电子器件、电子电路和电子系统的科学与技术，是现代物理学和工程学的重要分支，涉及电子器件、电子元件、电子仪器和电子技术等方面。

1. 电子与通信工程（ECE）

电子与通信工程是研究电子技术和通信技术的学科，涉及数据的传输与接收、网络、语音和视频、固态器件、微处理器、数字和模拟通信、卫星通信、天线与电波传播，以及电子设备和通信设备（如发射机、接收机、集成电路、微波和光纤等）的制造。

电子工程师负责集成电路（IC）设计、电路布局、微控制器和微处理器编程，以及现场测试等工作。

我们生活中的电视、收音机、计算机、手机等都是由电子与通信工程师设计和开发的。

2. 电子与电信工程（ETE）

电子与电信工程涉及各类电子设备和信息系统的研究、设计、制造、应用和开发。

除此之外，电子与电信工程还包含电气、土木工程的各个方面。

电信工程师研究、设计和开发卫星、有线电视系统、手机、无线电波、互联网和电子邮件。

电子与电信工程师解决消费电子、航空和航空电子、制造业、发电和配电、通信、交通、电信行业等方面的问题。

3. 微电子学和 VLSI 设计

微电子学是以集成电路设计、制造与应用为代表的学科，内容涉及集成电路、微电子系统设计、制造工艺、制造装备和设计软件系统。VLSI（超大规模集成电路)是微电子学的一个重要分支,它可以是模拟的、数字的、混合信号的。微电子学专注于为特定目的开发的电路,VLSI倾向于集成许多电路以执行更困难或更通用的任务。

5.2 问题与解答

【问题1】 VLSI设计有哪些优势?

答 VLSI是将大量晶体管(通常在百万级以上)集成到一个半导体晶片上,形成具有特定功能的电路,具有如下优势:

(1)减小电路尺寸。

(2)降低设备成本。

(3)提高电路的运行速度。

【问题2】 VLSI技术的未来是什么?

答 VLSI技术的未来取决于通道长度缩短的趋势。可用的制造技术否认通道长度的进一步减少的潜力,因此纳米电子器件,如量子点细胞自动机(QCA)、单电子晶体管(SET)、碳纳米管场效应晶体管(CNTFET)和苯环等,是实现下一代集成电路的强有力候选器件。

【问题3】 最新VLSI技术中的晶体管数量是多少?

答 晶体管的数量遵循摩尔定律,大约每两年翻一番。在最新的7nm工艺中,苹果发布的AppleA12X Bionic处理器集成了100亿个晶体管。

【问题4】 请解释一下CMOS晶体管中的泄漏电流。

答 泄漏电流是指在正常工作条件下,电流通过不期望的路径流动的现象。这种电流流动通常不是设计电路时所预期的,可能是由于设计或制造上的缺陷,或者是由于外部环境因素导致绝缘材料性能下降,使得电流能够通过非设计路径流动。当 $V_{gs} > V_{th}$ 时,MOS管的漏极和源极之间会产生泄漏电流。

CMOS晶体管中的泄漏电流有四种,如图5.1所示。

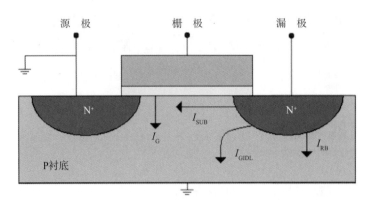

图 5.1　CMOS 晶体管

（1）亚阈值泄漏电流（I_{SUB}）：亚阈值泄漏电流是指沟道处于弱反型状态下的漏源电流，是由器件沟道中少数载流子的扩散电流引起的。当栅源电压低于 V_{th} 时，器件不会马上关闭，而是进入了"亚阈值区"。

（2）反偏结泄漏电流（I_{RB}）：晶体管关断时，源极或漏极与衬底之间的 PN 结形成反偏二极管。尽管存在电势垒，但仍有漏电流。反偏结泄漏电流主要由两部分组成：耗尽区中的电子 – 空穴对形成；同一耗尽区边缘的扩散／漂移电流产生。

（3）栅极泄漏电流（I_G）：载流子通过隧穿效应越过栅氧势垒产生的电流。这种隧穿效应包括电子导带隧穿（ECB）、电子价带隧穿（EVB）和空穴价带隧穿（HVB）。目前，ECB 是主流，由氧化层的高电场产生导致隧穿。

（4）栅致漏极泄漏电流（I_{GIDL}）：栅致漏极泄漏电流是由 MOS 管漏极结中的高场效应引起的。在源极和漏极的重叠区域，由于大电场的存在，隧穿现象（包括雪崩隧穿和 BTBT 隧穿）频繁发生，进而产生电子 – 空穴对。电子被迅速扫入阱中，而空穴则在漏极区域积累，形成了所谓的栅致漏极泄漏电流。以 NMOS 为例，这种现象通常发生在漏端电压较高，而栅极电压为零或负值的情况下。理论上，此时 MOS 管应处于电流几乎为零的关断状态（I_{off}）。然而，由于 I_{GIDL} 的存在，I_{off} 会异常上升，并且随着栅极负压的增大，这一异常现象愈发明显。

【问题 5】　如何理解 MOSFET 中的寄生电容？

答　寄生电容也称为杂散电容，是电路中电子元件之间或电路模块之间，由于相互靠近所形成的电容。尽管寄生电容不是设计中所期望的，但却是晶体管结构不可避免的一部分。理解寄生电容的性质和影响，对于优化 MOSFET 的性能至关重要。

图 5.2 显示了各种寄生电容。C_1 和 C_2 是由源极或者漏极和衬底之间的耗尽区产生的电容。C_3 是沟道和衬底之间的耗尽电容。C_4 和 C_5 是由栅极与源极或者漏扩散之间的重叠引起的电容。C_6 是栅极与沟道之间的氧化物电容。

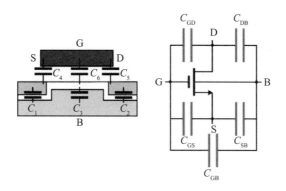

图 5.2 寄生电容

【问题 6】 什么是 FinFET？

答 FinFET（Fin Field-Effect Transistor），也称为鳍式场效应晶体管，如图 5.3 所示，是一种具有凸起鳍状结构的非平面 3D 体管。与早期的扁平化设计一样，它是建立在 SOI（绝缘体上的硅）衬底上的。然而，FinFET 设计还使用了一个导电通道，该通道高出绝缘体的水平面，形成了一个薄硅结构，形状像鱼鳍，被称为栅极。这个鱼鳍状的栅极允许多个栅极在单个晶体管上运行。英特尔于 2012 年推出了搭载 22nm 的 FinFET 晶体管的 lvy Bridge 处理器。

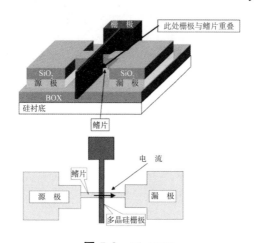

图 5.3 FinFET

胡正明教授在 1999 年发明了 FinFET，因此被誉为"3D 晶体管之父"。

【问题7】 FinFET 的优缺点是什么?

答 FinFET 有两种类型:

（1）双栅 FinFET，如图 5.4 所示，通过使用一层超薄硅层来制造沟道，从而修剪多余的硅，因此从栅极到顶部鳍的电场被大大减少。

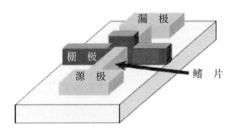

图 5.4 双栅 FinFET

（2）三栅 FinFET，如图 5.5 所示，源极和漏极分别在其两端，三个栅极紧贴其侧壁和顶部，用于辅助电流控制，这种鳍形结构增大了栅围绕沟道的面，加强了栅对沟道的控制，可以有效缓解平面器件中出现的短沟道效应，大幅改善电路控制并减少漏电流，也可以大幅缩短晶体管的栅长。

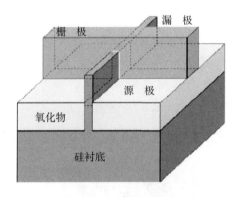

图 5.5 三栅 FinFET

FinFET 的优点如下:

· FinFET 沟道区域是一个被栅极包裹的鳍状半导体，几乎没有体效应。

· 栅极包裹的结构增强了栅的控制能力，对沟道提供了更好的电学控制，从而降低泄漏电流，抑制短沟道效应。

· 在 1V 时，FinFET 比等效平面器件快 18%；在 0.7V 时，FinFET 比等效平面器件快 37%。对于给定的泄漏电流，FinFET 可以在较低的阈值电压下运行，$0.7V_{DD}$ 时其动态功耗减半。

· 在非常低的工作电压下，栅极和阈值电压之间的差异要大得多，从而增加了在低电压条件下 FinFET 的性能优势。

·电路的电压余量增加，例如级联电路降低栅极电阻有助于控制闪烁噪声，改善匹配效应。

·具有更高的电流驱动和增益。

FinFET 的缺点如下：

·设计师无法像以前那样轻松地控制沟道，更高的源/漏电阻削减了跨导。

·设计师在 I/O 的电压上几乎没有选择，并且必须开发更复杂的方法来抵御静电释放。

·鳍的硅表面与体材料不同，在通常的栅前氧化清洁后，容易有过多的硅损失，需要在湿法清洗中通过稀释浓度和较低温度进行优化。同样，鳍的氧化在鳍的角和顶端也更快。

·由于 3D 结构，FinFET 对鳍的干法刻蚀更为严格，偏置等离子脉冲方案可以最小化硅损失。

【问题 8】 什么是趋肤效应？

答 每根导线都有电阻和电感，当交流电通过导体时，由于其交变性质和导体电感，电流在靠近导体中心区域的流动会遇到一些阻力。由于这个感抗在中心较强，电流倾向于避开那个区域，更喜欢在导体的外围或表面流动，这就是趋肤效应。频率越高，感抗越强，趋肤效应也越强。趋肤效应的示意图如图 5.6 所示。

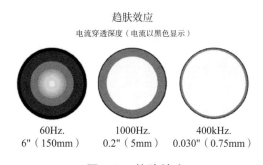

趋肤效应

电流穿透深度（电流以黑色显示）

60Hz.	1000Hz.	400kHz.
6"（150mm）	0.2"（5mm）	0.030"（0.75mm）

图 5.6 趋肤效应

【问题 9】 为什么趋肤效应出现在交流中，而不是直流中？

答 趋肤效应是由导体中自感应磁通产生的反电动势引起的。直流情况下，磁通的变化率为零，没有由于磁通变化而产生的反电动势，电流在导体的横截面上均匀分布，频率没有变化，感抗为零，电流除了电阻外没有任何阻力，完全在导体中流动，而不仅仅是在外部流动。

【问题 10】 MuGFET 是什么?

答 MuGFET（多栅场效应晶体管）是指将多个栅极集成到单个器件中的金属氧化物半导体场效应晶体管（MOSFET）。这些多个栅极可以由单个栅极电极控制，其中多个栅极表面在电学上起到单个栅极的作用，或者由独立的栅极电极控制。采用独立栅极电极的多栅器件有时被称为多独立栅场效应晶体管（MIGFET）。

【问题 11】 3D 三栅极晶体管是什么?

答 3D 三栅极晶体管（不要与 3D 微芯片混淆）是英特尔公司用于 IvyBridge、Haswell 和 Skylake 处理器中的非平面晶体管架构。3D 三栅极晶体管是一个单栅极堆叠在两个垂直栅极上（一个单栅极包裹在通道的 3 个侧面），从而实质上提供了三倍的电子传输表面积。英特尔报告称，三栅晶体管在低电压下性能提高了 37%，而功耗下降一半。

【问题 12】 什么是电子学?

答 电子学是研究电子在真空、气体和半导体中的特性和行为，以及电子器件的物理学科，通过电子器件和电子系统对电子的生成、控制、传输、处理和存储等进行研究和应用。

【问题 13】 什么是通信?

答 通信是将信号从发射机发射出去，通过介质，然后在接收机端获得输出，或者说将消息从一个地方传输到另一个地方的过程称为通信。

【问题 14】 通信的类型有哪些?

答 通信分为模拟通信和数字通信两种。模拟是将音频或视频信号（人类的声音）转换为电子脉冲；数字是将信号分解为二进制格式，其中音频或视频数据由一系列"1"和"0"表示。

数字信号不受噪声影响，传输和接收质量良好，数字通信中使用的组件可以高精度生产，与模拟信号相比，功耗也非常低。

【问题 15】 什么是有源器件和无源器件?

答 无源，是指能够在没有外部电源的情况下运行，典型的无源器件包括电阻器、电容器、电感器和二极管（尽管后者是一个特例）。

有源，需要电源才能运行，典型的有源器件包括晶体管、集成电路、可控硅器件、双向可控硅器件、发光二极管等。

【问题 16】 什么是直流和交流?

答 直流（DC）：电子从电源的负极沿一个方向流向正极。我们通常所说的电流是从正极流向负极，与电子的移动方向相反。

交流（AC）：电子在电路中来回振荡流动。方向变化的速率决定频率，以赫[兹]（每秒循环次数）为单位。

【问题 17】 什么是频率?

答 频率是单位时间内完成周期性变化的次数，是描述周期运动频繁程度的量，频率的符号为 f，单位为赫[兹]（Hz）。人能听到的声音频率范围是 20Hz ～ 20000Hz。

【问题 18】 什么是电压?

答 电压是指某点相对于参考点的电位差，电压的符号为 U，单位为伏[特]（V）。一个9V电池的电压是9V直流。我们日常生活中使用的是交流电，电源电压为220V、240或110V，这取决于您所在的地方。电压通常也用毫伏（mV）来表示，1000mV等于1V。微伏（μV）和纳伏（nV）有时也被使用。

【问题 19】 什么是电流?

答 电流是指单位时间内电荷通过导体横截面的数量，电流的符号是 I，单位是安[培]（A）。除非连接负载，否则电池或其他电压供应的终端之间不会有电流流动。电流的大小取决于可用电压、负载和电源的电阻（或阻抗）。电流可以是交流或直流，正或负，取决于参考点的选择。在电子学中，电流通常用毫安（mA）来表示，1000mA等于1A。纳安（nA）在某些情况下也被使用。

【问题 20】 什么是电阻?

答 电阻是衡量电子流动的容易程度（或困难程度）的指标，电阻的符号是 R，单位是欧[姆]（Ω）。铜线的电阻非常低，因此很小的电压就能使大电流流动。同样，塑料绝缘层的电阻非常高，阻止电流从一根导线流向相邻的导线。电阻器具有确定的电阻，因此可以计算任何电压下的电流。无源器件中的电阻始终为正值。

【问题21】 国际单位制导出单位有哪些?

答 国际单位制导出单位如下表所示。

量的名称	单位名称	单位符号	其他表示式例
[平面]角	弧度	rad	
立体角	球面度	sr	
频率	赫[兹]	Hz	s^{-1}
力	牛[顿]	N	$kg \cdot m/s^2$
压力,压强,应力	帕[斯卡]	Pa	N/m^2,$kg/(m \cdot s^2)$
能[量],功,热[量]	焦[耳]	J	$N \cdot m$,$kg \cdot m^2/s^2$
功率,辐[射能]通量	瓦[特]	W	J/s,$kg \cdot m^2/s^3$
电荷[量]	库[仑]	C	$A \cdot s$
电压,电动势,电位	伏[特]	V	W/A,$kg \cdot m^2/(A \cdot s^3)$
电容	法[拉]	F	C/V,$A^2 \cdot s^4/(kg \cdot m^2)$
电阻	欧[姆]	Ω	V/A,$kg \cdot m^2/(A^2 \cdot s^3)$
电导	西[门子]	S	A/V,$A^2 \cdot s^3/(kg \cdot m^2)$
磁通[量]	韦[伯]	Wb	$V \cdot s$,$kg \cdot m^2/(A \cdot s^2)$
磁通[量]密度,磁感应强度	特[斯拉]	T	Wb/m^2,$kg/(A \cdot s^2)$
电感	亨[利]	H	Wb/A,$kg \cdot m^2/(A^2 \cdot s^2)$
摄氏温度	摄氏度	℃	
光通量	流[明]	lm	$cd \cdot sr$
[光]照度	勒[克斯]	lx	lm/m^2,$cd \cdot sr/m^2$

【问题22】 1Ω的物理意义是什么?

答 欧[姆](Ω)是电阻的单位,在直流电路中,当导体两端电压为1V时流过的电流恰好为1A,该段导体电阻即为1Ω。

【问题23】 1A的物理意义是什么?

答 安[培](A)是电流强度的单位,1A表示1s内流过导体截面的电量为1C。

【问题24】 1W的物理意义是什么?

答 瓦[特](W)是功率的单位,表示单位时间内所做功的量度。1W表示1s做1J的功,也可以表示1s流动1A电流所产生的电势差为1V的电路中的功率。功率被定义为做功的速率:

$$功率 = \frac{功}{时间}$$

【问题 25】 1J 的物理意义是什么?

答 焦 [耳](J)是功的单位,用 1N 的力使物体在该力的方向上移动 1m 所做的功即为 1J。

【问题 26】 1V 的物理意义是什么?

答 伏 [特](V)是电压的单位,1A 的电流通过一个电阻为 1Ω 的电路,那么电路两端会产生 1V 的电压,即 1V = 1A·1Ω。

1V 也可以理解为,1A 的电流在导线的两点之间消耗 1W 功率时的电势差。

【问题 27】 1F 的物理意义是什么?

答 法 [拉](F)是电容的单位,当一个电容器带有 1C 的电荷量时,如果两极板间的电势差是 1V,那么这个电容器的电容就是 1F。电容(C)的计算公式如下:

$$C = \frac{Q}{V}$$

【问题 28】 1C 的物理意义是什么?

答 库 [仑](C)是电荷的单位,1C 是 1A 的电流在 1s 内通过导线横截面的电量,相当于 6.2415×10^{18} 个基本电荷,其中一个基本电荷是质子的电荷或电子的负电荷。

【问题 29】 什么是电路?

答 电路是一种用于引导和控制电流的结构,可用于执行某些特定的功能。"电路"这个名字暗示着这种结构是闭合的,类似于一个环路。

【问题 30】 压力和力的区别是什么?

答 压力是单位面积上的力的分布,可以通过将作用在表面上的力除以该表面的面积来计算,压力的标准单位是帕 [斯卡]。

力是物体之间相互作用的结果,可以改变物体的状态(如形状、速度或方向)。

【问题31】 1Pa 和 1N 有什么区别?

答 帕 [斯卡](Pa) 是压强的单位,表示单位面积上所承受的力。1Pa 等于 1N 的作用力均匀分布在 $1m^2$ 的面积上。

牛 [顿](N) 是力的单位,用于衡量物体运动状态的改变程度或物体之间的相互作用。使 1kg 质量的物体获得 $1m/s^2$ 的加速度所需的力为 1 牛顿。

【问题32】 电荷的定义是什么?

答 电荷是物质的一种特性,放置在电磁场中时会受到力的作用。电荷分为正电荷和负电荷两种,正电荷由质子携带,负电荷由电子携带。

【问题33】 什么是电功率?

答 电功率是指单位时间内电路中电能转化为其他形式能量(如动能、热能或电磁能)的速率,单位为瓦 [特](W)。

【问题34】 什么是传感器?

答 传感器是一种将能量从一种形式转换为另一种形式的设备。通常,传感器将一种形式的能量信号转换为另一种形式的信号。将物理量转换为机械运动的传感器称为机械传感器,将物理量转换为电学量(如电压、电流等)的传感器称为电传感器。

【问题35】 传感器和执行器的区别是什么?

答 传感器和执行器是智能设备中的两个主要器件,它们分别负责设备的感知和任务执行,是智能设备的重要组成部分。

传感器是一种将环境中的物理量、化学量或其他量转换为可读取信号的装置,能够将相关的物理量转换为可读取的信号,如温度、湿度、压力等,提供数据给物联网设备进行处理和分析。常用的传感器包括热线风速计(测量流速)、麦克风(测量流体压力)、加速度计(测量结构的加速度)、气体传感器(测量特定气体或气体的浓度)、湿度传感器、温度传感器等。

执行器是一种用于控制其他设备或系统的电动装置,能够接收来自控制系统的信号,执行一定的行动,完成指定的操作,例如打开或关闭阀门、启动或停止电机、对某个对象进行加热等。执行器按其能源形式可分为气动、液动、电动三大类,常用的执行器包括电机(施加扭矩)、泵(施加压力或流体速度)等。

【问题 36】 有源传感器和无源传感器之间有什么区别?

答 有源传感器依赖外部激励信号或电源信号来工作,调制信号以产生输出信号。例如,热敏电阻器不会产生电信号,但可以通过检测热敏电阻器上的电流或电压变化来测量其电阻。

相反,无源传感器则无需任何外部电源信号,便能直接产生输出响应,例如光电二极管、压电传感器、热电偶等。

【问题 37】 什么是磁滞?

答 铁磁性物质在交变磁化过程中,磁感应强度的变化滞后于磁场强度变化的现象称为磁滞,其主要特点是,系统的状态不仅取决于当前的输入,还受到历史输入过程的影响。

【问题 38】 什么是天线效应?

答 在芯片制造过程中,MOS 管的栅氧化层上连接了一大片的导体,当进行离子刻蚀时,那个大片导体像一根天线一样,不断地收集电荷,使得导体上的电压越来越高,最终击穿 MOS 管的栅氧层,使 MOS 管失效,这就是天线效应。

【问题 39】 克隆和缓冲是什么?

答 克隆 (cloning) 是在有多个 sink 的情况下,不改变逻辑功能把当前 cel 复制一份,分别驱动下一级的 cell,这样可以减少当前单元的负载,从而获得更好的时序,是一种通过替换器件来减少负载的优化方法。

缓冲(buffering)是在不改变信号的情况下对信号再生,提高它的驱动能力,通常由两级反相器构成,可以提高电路的运行速度,是一种通过在高扇出网络中插入缓冲器来减少延迟的优化方法。

【问题 40】 为什么 NAND 门比 NOR 门更受青睐?

答 在晶体管级别上,空穴的迁移率较低,电子的迁移率通常是空穴的三倍,因此 NAND 门更快,泄漏电流更少。

【问题 41】 电子学和电气学的区别是什么?

答 电子学主要研究通过非金属导体(半导体)的电荷(电子)流动。
电气学主要研究通过金属导体的电荷流动。

例如：通过硅（非金属）的电荷流动属于电子学，而通过铜（金属）的电荷流动属于电气学。

【问题 42】 电阻、电容和电感的区别？

答 电阻是一种无源器件，通过阻碍电流的流动来限制电流的大小，同时帮助分配电压。电阻的单位为欧 [姆]（Ω），用符号 R 表示。

电容是一种用于存储和释放电能的元件，通常是化学作用的结果。电容也称为储能电池、二次电池、蓄电池，莱顿瓶是电容的早期例子。

电感是一种无源器件，可以把电能转换成磁能储能起来，其最简单形式是一根导线线圈，当电流通过线圈时，线圈周围会产生磁场。电感的大小与导线匝数、导线环直径以及导线缠绕的材料或芯线成正比。电感的单位为亨 [利]（H），用符号 L 表示。

【问题 43】 什么是半导体器件？

答 半导体是一种导电性能介于良好的导体和良好的绝缘体之间的材料。

半导体器件是利用半导体材料特殊电特性来完成特定功能的电子器件，在室温下导电性较差，但在较高温度下导电性增加。金属通常是良好的导体。

【问题 44】 为什么硅比锗更受青睐？

答 锗的拐点电压为 0.7eV，硅为 1.1eV，锗的原子尺寸较大，从最外层轨道释放电子所需的能量较少。

与锗相比，硅具有如下特点：

（1）低反向漏电流：硅中的反向电流以 nA 为单位流动，因此在反向偏置下，锗二极管的非导通准确性下降，而硅二极管在很大程度上保留了其特性，即它允许微量电流流动。

（2）良好的温度稳定性：硅的温度稳定性很好，通常可以承受 140 ～ 180℃的温度，而锗在 70℃以下就非常温度敏感。

（3）低成本：硅的获取相对容易，加工成本低廉，而锗是一种稀有材料，通常与铜、铅或银矿床一起发现。由于其稀有性，锗更昂贵，因此使得锗二极管比硅二极管更昂贵。

（4）高反向击穿电压：硅二极管的反向击穿电压为 70 ～ 100V，而锗的反向击穿电压约为 50V。

（5）大电流：硅对于高电流应用更好，因为它在几十安培的范围内具有非常高的正向电流，而锗二极管的正向电流在微安域范围内非常小。

【问题 45】 PN 结二极管是什么？请画出它的 $V-I$ 特性。

答 当 P 型半导体与 N 型半导体熔合时，形成 PN 结二极管，在二极管结之间产生势垒电压。如果在 PN 结的两端施加适当的正向电压，为自由电子和空穴提供额外能量，随着 PN 结周围耗尽层宽度的减小，它们将跨越 PN 结。

二极管是电流的单向阀，只允许电流单向流动。

导通二极管所需的最小电压称为拐点电压或开启电压。PN 结上电流开始迅速增加的正向电压称为拐点电压。PN 结二极管的 $V-I$ 特性如图 5.7 所示。

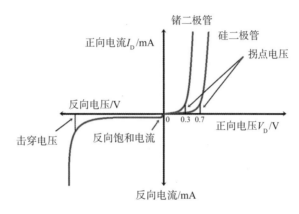

图 5.7 PN 结二极管的 $V-I$ 特性

PN 结二极管的偏置条件如下所示：

（1）零偏置：没有外部电压施加到 PN 结二极管上。

（2）反向偏置：二极管的 N 极施加正电压，P 极施加负电压，这会增加 PN 结二极管的宽度。

（3）正向偏置：二极管的 P 极施加正电压，N 极施加负电压，这会减小 PN 结二极管的宽度。

【问题 46】 什么是肖克利二极管方程？

答 肖克利二极管方程或二极管定律，以贝尔实验室的晶体管共同发明人威廉·肖克利的名字命名，它模拟了半导体二极管在正向偏置或反向偏置下的 $I-V$ 特性：

$$I = I_S \left(e^{\frac{V_D}{nV_T}} - 1 \right)$$

其中，I 是二极管电流；I_S 是反向偏置饱和电流（或标度电流）；V_D 是二极管跨压；V_T 是热电压；n 是理想因子，也称为品质因子或发射系数。

热电压 V_T 在 300K（27℃；80 ℉）时约为 25.8563mV。在任意温度下，它是一个已知的常数，定义为：

$$V_T = \frac{kT}{q}$$

其中，k 是玻尔兹曼常数；T 是 PN 结的绝对温度；q 是电子电荷的大小（元电荷）。

【问题 47】 请画出 PN 结二极管的反向 V-I 特性。

答 PN 结二极管的反向 V-I 特性如图 5.8 所示。

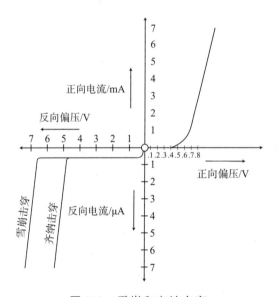

图 5.8 雪崩和齐纳击穿

（1）齐纳击穿：增加 PN 结二极管上的反向电压，会使二极管结的电场增加（包括内部电场和外部电场），从而导致在结区域对带负电荷的电子产生吸引力，这种力使电子从共价键中释放出来，并将这些自由电子移动到导带中。随着电场增加（施加电压时），越来越多的电子从其共价键中释放出来，导致电子在结区域漂移，电子-空穴复合现象发生，产生净电流，并且随着电场的增加而迅速增加。齐纳击穿发生在掺杂浓度高、结区域薄（即耗尽层宽度较小）

的 PN 结二极管中。齐纳击穿不会损坏二极管。由于电流仅由电子漂移引起，因此电流增加也有限制。

（2）雪崩击穿：雪崩击穿发生在掺杂浓度适中且结构厚的 PN 结二极管中（即耗尽层宽度较大）。对二极管施加高反向电压时容易引起雪崩击穿。如果施加的反向电压为 V_a，耗尽层宽度为 d，那么产生的电场 $E_a = V_a/d$，该电场对结区域的电子施加力，使其从共价键中释放出来。这些自由电子高速穿过结合部，导致与其他相邻原子发生碰撞。高速碰撞将进一步产生自由电子，这些电子开始漂移，在结合部发生电子 - 空穴对复合，导致净电流迅速增加。

【问题 48】 为什么雪崩击穿电压比齐纳击穿电压高？

答 雪崩击穿发生在掺杂浓度适中的二极管中，耗尽层宽度（d）较大；齐纳击穿发生在掺杂浓度高、结区域薄的二极管中，耗尽层宽度较小。

因施加反向电压（V）而产生的电场 $E = V/d$，因此，在齐纳击穿中，打破共价键所需的电场比雪崩击穿需要的电压更低，原因是其耗尽层宽度较小；在雪崩击穿中，耗尽层宽度较大，因此必须施加更多的反向电压才能产生相同的电场强度。

【问题 49】 晶体管是什么？

答 在电子学中，晶体管是一种常用的半导体器件，用于放大或开关电信号。晶体管是移动电话、计算机和其他现代电子设备的基本构建模块。晶体管具有非常快的响应速度，可以单独封装，也可以作为集成电路的一部分。一些集成电路在非常小的区域内拥有数十亿个晶体管。

【问题 50】 什么是印刷电路板？

答 印刷电路板（PCB）是以绝缘基板和导体为材料，按预先设计好的电路原理图，设计、制成印制线路、印制元件或两者组合的导电图形的成品板，其主要功能是利用板基绝缘材料隔绝表面的铜箔导电层，实现电子元器件之间的相互连接。

PCB 使用导电轨道、焊盘和从一层或多层铜层蚀刻的其他特征来机械支撑和电连接电子元件或电气元件，有时也被称为印刷布线板（PWB）或蚀刻布线板。PCB 已经安装了电子元器件以完成特定电路功能的电路板称为印刷电路组件（PCA）或印刷电路板组件（PCBA）。

【问题 51】 什么是采样?

答 从时间函数 $x(t)$ 中获取一组样本的过程称为采样。

【问题 52】 什么是采样定理?

答 采样定理指的是，在对连续信号进行采样时，采样频率要大于信号最高频率的 2 倍，这样才能无失真地保留信号的完整信息。为防止信号混叠所需的最小采样频率称为奈奎斯特频率。

【问题 53】 什么是截止频率?

答 截止频率是指保持输入信号的幅度不变，改变其频率使输出信号降至最大值的 0.707 倍（即 –3dB 点）时的频率值。

【问题 54】 什么是通带?

答 通带是指能够通过滤波器而不会产生衰减的信号频率成分。

【问题 55】 什么是阻带?

答 阻带是指滤波器在频域上对信号的抑制区域，在此范围内不允许信号通过。

【问题 56】 什么是射频?

答 射频（RF）是指在 30kHz 到 300GHz 频率范围内的无线电信号，能够穿透一定的材料，可以在空气、水和其他介质中传播。射频技术广泛应用于各种领域，包括通信、雷达、导航、无线电广播等。

【问题 57】 什么是调制?

答 调制是指将原始信号（基带信号）转换为适合在信道中传输的信号（载波信号）的过程。

【问题 58】 什么是解调?

答 解调是从模拟信号中去除载波信号以恢复原来的基带信号的过程。接收系统接收到的调制信号具有一定特征，必须通过解调将其还原为基带信号。

【问题 59】　调制技术有哪些?

答　调制分为模拟调制和数字调制两种。模拟调制包括调幅（AM）、单边带（SSB）调制、调频（FM）、调相（PM）等。数字调制包括（OOK）、调频（FSK）、调幅（ASK）、调相（PSK）、正交幅度调制（QAM）、最小频移键控（MSK）、连续相位调制（CPM）、脉冲位置调制（PPM）、网格编码调制（TCM）、正交频分复用（OFDM）等。

【问题 60】　AM 和 FM 有什么区别?

答　AM 中载波信号的幅度根据携带信息的信号变化，FM 中载波信号的频率根据携带信息的信号变化。

【问题 61】　AM 和 FM 应用于哪些场合?

答　AM 用于视频信号，例如电视，其频率范围是 535kHz ～ 1705kHz；FM 用于音频信号，例如收音机，其频率范围是 88MHz ～ 108MHz。

【问题 62】　什么是基站?

答　基站是无线通信网络中的核心组成部分，主要功能是通过无线电波与移动设备（如手机、无线网卡等）进行通信和数据传输，从而提供无线通信覆盖。

【问题 63】　需要多少颗卫星才能覆盖整个地球?

答　需要 3 颗卫星来覆盖整个地球，它们相互间隔 120°。

【问题 64】　什么是中继器?

答　中继器是一种网络设备，常用于将同一局域网（LAN）内的两个或多个网段连接起来，扩大局域网的覆盖范围。它可以重新放大和刷新信号，使信号质量不会衰减，保证数据传输的准确性。

【问题 65】　什么是放大器?

答　放大器是能把输入信号的电压或功率放大的装置，由电子管或晶体管、电源变压器等器件组成。

【问题 66】　负反馈和正反馈的例子有哪些?

答　负反馈的例子是放大器，正反馈的例子是振荡器。

【问题 67】 什么是振荡器?

答 振荡器是一种能够将直流电能转换为具有一定频率、幅度和波形的交流电能的电路。振荡器主要分为谐波振荡器和弛张振荡器两种,谐波振荡器的波形是一条平滑的曲线,而弛张振荡器的波形则急剧变化。

【问题 68】 什么是集成电路?

答 集成电路(integrated circuit, IC)也称为微电路(microcircuit)、微芯片(microchip)、芯片(chip),是一种微型电子器件。通过一系列特定的加工工艺,将晶体管、二极管等有源器件和电阻、电容、电感等无源元件,按照一定的电路互连,"集成"在一小块或几小块半导体晶片或介质基片(如硅或砷化镓)上,然后封装在一个外壳内,执行特定电路或系统功能。其中所有器件在结构上已组成一个整体,具有体积小、重量轻、电路稳定、可靠性高、集成度高等特点。

【问题 69】 什么是串扰?

答 串扰是由附近导体中的信号引起的一种干扰形式,最常见的例子是在电话上听到不想听的对话。串扰也会发生在收音机、电视、网络设备,甚至电吉他中。

【问题 70】 什么是运算放大器?

答 运算放大器简称运放,是一种直流耦合、差模(差动模式)输入的高增益电压放大器,通常具有单端输出。运放的输出要么通过负反馈来控制,这在很大程度上决定了其输出电压增益的大小;要么通过正反馈来控制,这有助于产生增益和振荡。

【问题 71】 什么是反馈?反馈有哪些类型?

答 反馈是将输出信号的一部分或全部反向送回输入端的过程,以调整或校正系统的行为。

正反馈的反馈信号与输入信号的变化方向一致,这样会放大输入信号,增强系统的变化,使系统趋向不稳定甚至产生振荡。

负反馈的反馈信号与输入信号的变化方向相反,这样会减弱输入信号,抑制系统的变化,使系统保持稳定。

【问题 72】 巴克豪森准则是什么？

答 巴克豪森准则指出,振荡器要产生持续的振荡,必须满足以下两个条件:

（1）信号从输入到输出再反馈到输入的相差为 360°。

（2）放大器的传递增益与反馈网络的反馈系数（环路增益）的乘积必须大于或等于 1。

【问题 73】 CDMA、TDMA、FDMA 是什么？

答 码分多址（CDMA）是按照编码序列来划分信道,即给不同的用户分配一个不同的编码序列以共享同一信道。

时分多址（TDMA）是按照时隙来划分信道,即给不同的用户分配不同的时间段以共享同一信道。

频分多址（FDMA）是按照频率来划分信道,即给不同的用户分配不同的载波频率以共享同一信道。

多址问题类似于在一个有很多人的房间（信道）中,人们希望同时进行相互交谈,但是人很多,为了避免混淆,人们可以轮流发言（TDMA）,以不同音调讲话（FDMA）,或者用不同的语言讲话（CDMA）。

用上面的例子来解释 CDMA 就很容易理解了,即说同一种语言的人可以相互理解,而其他语言就被认为是噪声过滤掉。在 CDMA 中,每组用户被分配一个共享的代码,许多代码占据同一个信道,但只有与特定代码相关联的用户才能彼此通信。

【问题 74】 电力系统主要由哪几部分组成？

答 电力系统可以大致分为三个主要部分:发电系统、输电系统和配电系统,每个部分都有其独特的功能和运作机制,共同确保电能的稳定供应。

【问题 75】 什么是仪表放大器？有哪些优点？

答 仪表放大器（instrumentation amplifier, IA）是一种专门用于测量小信号的放大器。将两个放大器级联在一起,再加上一个差分放大电路,可以构成一个仪表放大器。仪表放大器可以通过增加输入信号的放大比例来提高信号的精度和稳定性。在许多工业应用中,如传感器和测量系统等,仪表放大器都扮演着至关重要的角色。

【问题 76】 阻抗图是什么意思?

答 阻抗图(impedance diagram)是电力系统的等效电路,其中电力系统各组成部分用它们的近似或简化的等效电路来表示。阻抗图常用于潮流、故障和其他电力系统的研究。

【问题 77】 负荷流程研究的必要性是什么?

答 电力系统的负荷流程研究对于决定现有系统的最佳运行和规划未来系统扩展至关重要,对于电力系统设计也是必不可少的。

【问题 78】 什么是基准值?

答 基准值是充当测量值的一个一致认可的基准。在电力系统中,基准值的选择对于系统的运行和分析至关重要。基准值的作用在于提供一个统一的参考标准,使得系统中的各种物理量(如电流、电压、功率等)能够以相对值的形式进行比较和计算,从而简化复杂的电力系统分析和计算过程。

【问题 79】 电阻和阻抗有什么区别?

答 电阻在直流电路和交流电路中都存在,而阻抗仅存在于交流电路中。

电阻是导体本身的一种性质,当电流通过导体时,导体中的电子与原子之间的相互作用使电子的自由运动受到阻碍,从而产生了电阻;阻抗是由电阻、电感和电容等元件的综合影响而产生的,当交流电流通过电路时,会产生电磁感应作用,从而产生电感和电容的影响。

电阻常用于直流电路中,用来限制电流的大小和调节电路的功率;阻抗常用于交流电路中,用来描述电路中元件对交流电流的阻碍程度。

【问题 80】 电阻和电抗有什么区别?

答 电阻是对电流流动产生阻碍的实际物理量,通常用 R 表示。电阻消耗能量并以热的形式释放出来,电阻的大小和电压、电流无关。

电抗则只存在于交流电路中,是电容和电感对交流电流的阻碍作用,通常用 X 表示。电抗并不消耗能量,而是储存能量,并在电路中周期性地释放和吸收能量。电抗有感抗和容抗之分,对于电容器,$X = 1/(2\pi f C)$,其中 f 是频率,C 是电容;对于电感器,$X = 2\pi f L$,其中 f 是频率,L 是电感。

【问题 81】 电抗和磁阻有什么区别?

答 电抗是指电路中非直流电流通过时所产生的阻抗,包括感抗和容抗两种。磁阻是指绕制在磁芯上的线圈所产生的磁场对磁通量的限制程度,类似于电路中的电阻。

【问题 82】 电阻和电感有什么区别?

答 电阻的作用是阻碍电流流动,电感的作用是抵抗电流变化。

【问题 83】 串联 *RLC* 电路中的电阻、电抗和阻抗数值是多少?

答 串联 *RLC* 电路如图 5.9 所示,电阻器、电容器和电感器串联在交流电源上。

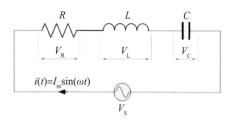

图 5.9 串联 *RLC* 电路

在纯电阻器中,电压相位与电流相同;在纯电感中,电压相位超前电流 90°;在纯电容中,电压相位滞后电流 90°。相位差 *Φ* 的大小取决于电路中组件的电抗值,如果电路元件是电阻性的,则电抗(X)为零,如果电路元件是电感性的,则电抗为正;如果电路元件是电容性的,则电抗为负。*RLC* 电路中的 R、X 和 Z 值如下表所示。

电路元件	电阻(R)	电抗(X)	阻抗(Z)
电 阻	R	0	$Z_R = R = R \angle 0°$
电 感	0	ωL	$Z_L = j\omega L = \omega L \angle +90°$
电 容	0	$\dfrac{1}{\omega C}$	$Z_L = \dfrac{1}{j\omega C} = \dfrac{1}{\omega C} \angle -90°$

相量图表示如图 5.10 所示。

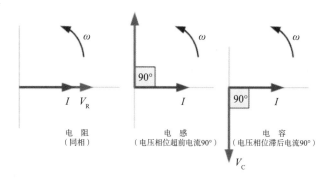

图 5.10 相量图

【问题 84】 为什么电容器中电流相位超前电压 90°？

答 在电容器中：

$$Q = CV$$

其中，Q 是电容器板上的电荷；C 是其电容；V 是电容器两端的电压。

电流是单位时间内通过导体横截面的电荷量：

$$I = dQ/dt$$

将上述两个公式结合，则：

$$I = dQ/dt = C \times dV/dt$$

如果我们有一个正弦输入电压，那么电容器上的电流为：

$$V(t) = \sin(t)$$
$$I(t) = C \times dV(t)/dt = C \times \cos(t)$$

$\cos(t)$ 是 $\sin(t)$ 加上 $\pi/2$ 弧度（90°），因此上式可变为：

$$I(t) = C \times \cos(t) = C \times \sin(t+\pi/2)$$

所以，对于正弦输入电压，电流也是正弦的，电流相位超前电压 90°。

【问题 85】 为什么电感器中电流相位滞后电压 90°？

答 电感器是以磁场形式储存能量的储能元件。电压施加在电感器上时，电流流过电感器，在电感器中产生磁场。根据法拉第定律，当载流导体与磁场相互作用时，在导体中会感应出一个电动势，根据楞次定律，这个电动势的方向总是与原电流的方向相反，以阻碍电流的变化。

如果将电压源应用到一个电感器上，那么

$$V(S) = \sin(\omega t)$$
$$I = \sin(\omega t)/R$$

由电感器公式可知：

$$V(L) = L \times di/dt = L/R \times d\sin(\omega t)/dt = L/R \times \cos(\omega t)$$

$\cos(\omega t)$ 相位比 $\sin(\omega t)$ 超前 90°，所以电流相位滞后电压 90°。

【问题 86】 电动势和电压有什么区别？

答 在没有电流流过的情况下，电动势是在电源端点之间测量的，而电压是在闭合电路的任意两点之间测量的。电动势是由电化学电池、发电机、光电二极管等产生的，而电压是由电场和磁场引起的。

【问题 87】 什么是浴盆曲线?

答 图 5.11 所示的浴盆曲线在可靠性工程中被广泛使用，是一种描述产品从投入到报废整个生命周期内失效率变化规律的曲线，包括三个阶段:

（1）早期失效:表明产品在开始使用时失效率很高，但随着产品工作时间的增加，失效迅速降低，这一阶段失效的原因大多是设计、原材料和制造过程中的缺陷造成的。

（2）随机失效:这一阶段的特点是失效率较低，且较稳定，往往可近似看作常数，产品可靠性指标所描述的就是这个时期，这一时期是产品的良好使用阶段，随机失效主要是由质量缺陷、材料弱点、环境和使用不当等因素引起的。

（3）耗损失效:该阶段的失效率随时间的延长而急速增加，主要由磨损、疲劳、老化和耗损等原因造成。

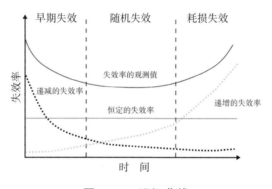

图 5.11 浴缸曲线

【问题 88】 MTBF、MTTR 和 MTTF 是什么意思?

答 平均故障间隔时间（MTBF）是衡量设备性能的重要指标之一，表示一台设备在一段时间内发生故障的平均次数，数值越大说明设备的可靠性越高。

平均修复时间（MTTR）是修复故障硬件模块所需的时间。在运行系统中，修复通常意味着更换故障的硬件部件。因此，MTTR 可以被视为更换故障硬件模块的平均时间。修复产品所需的时间过长会增加安装成本，因为需要等待新部件到达和可能需要安排安装的时间窗口。

平均故障时间（MTTF）是从系统开始运行到发生故障的平均时间，是描述不可修复系统可靠性的关键指标。MTTF 是一个统计值，是在长时间和大量设备上的平均值。

从技术上讲，MTBF 仅用于可修复物品，MTTF 用于不可修复物品，MTBF 通常用于可修复和不可修复物品。

$$MTBF = MTTR + MTTF$$

【问题 89】 FIT 的意义是什么？

答 失效率（FIT）是报告 MTBF 的一种方式。FIT 报告了设备每十亿小时操作中预期故障的数量。FIT 常应用于半导体行业，也被组件制造商使用。FIT 可以用许多方式量化：1000 个设备运行 100 万小时或 100 万个设备运行 1000 小时，以及其他组合。FIT 和 CL（置信限值）经常一起提供。

在常见用法中，对某事物有 95% 的置信通常被视为几乎肯定。在统计学中，对 95% 的置信仅仅意味着研究人员看到了一件在二十次或更少中只发生一次的事情。例如，组件制造商将取样一个组件，测试 X 小时，然后确定测试台中是否有任何故障。根据发生的故障数量，CL 也将随之提供。

【问题 90】 请列出五家 VLSI 公司的名称。

答 五家 VLSI 公司如下：

（1）ST Microelectronics。

（2）Synopsys。

（3）Xilinx。

（4）Cadence Design System。

（5）Intel。

【问题 91】 理想运放的特性是什么？

答 理想运放具有如下特性：

（1）开环增益无限大。

（2）输入阻抗无穷大。

（3）零输出阻抗。

（4）带宽无穷大。

（5）共模抑制比无限大。

【问题 92】 CMRR 和压摆率是什么?

答 共模抑制比(CMMR)被定义为差模电压增益与共模电压增益的比值:

$$CMMR = Ad/Ac$$

其中,Ad 是差模电压增益;Ac 是共模电压增益。

运算放大器的压摆率是由输入端的阶跃变化所引起的输出电压的变化速率,单位通常为 V/s 或 V/ms。

【问题 93】 瞬态响应和稳态响应是什么?

答 瞬态响应是指系统在某一典型信号输入作用下,其系统输出量从初始状态到稳定状态的变化过程;稳态响应是指当足够长的时间之后,系统对于固定的输入,有了一个较为稳定的输出。在某一输入信号的作用后,时间趋于无穷大时系统的输出状态称为稳态。瞬态响应关注的是系统在短时间内对输入信号的响应,而稳态响应关注的是系统在长时间稳定后的输出状态。

【问题 94】 请绘制运算放大器的电压传输曲线。

答 输出电压仅在达到饱和电压之前与输入差电压成正比,之后输出电压保持恒定,这条曲线被称为理想电压传输曲线,如图 5.12 所示,之所以称为理想,是因为假定输出偏移电压为零。

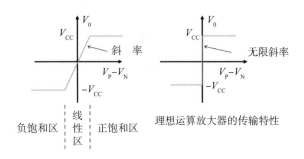

图 5.12 运算放大器的传输曲线

【问题 95】 什么是输入偏置电压?

答 在运算放大器中,将输出电压控制为 0V 所需的输入引脚间的电压差称为输入偏置电压,输入偏置电压是有差分输入电路的运算放大器的误差电压,理想运算放大器的偏置电压为 0V。

【问题96】 微控制器和微处理器有什么区别?

答 微控制器和微处理器的区别如下:

(1)微控制器是嵌入式系统的核心,内存和I/O输出组件存在于内部,电路简单,可在紧凑的系统中使用,效率较高;微处理器是计算机系统的核心,内存和I/O输出组件需要从外部连接,电路更复杂,不能在紧凑的系统中使用,效率较低。

(2)微控制器采用CMOS技术制造,成本比微处理器低很多。

(3)微控制器的处理速度为8MHz ~ 50MHz;微处理器的处理速度超过1GHz,比微控制器工作速度快得多。

(4)微控制器具有节能系统,总体功耗较低;微处理器一般没有节能系统,而且还需要许多外部组件,功耗比微控制器高。

(5)微控制器体积小,适用于小型产品;微处理器体积大,适用于较大的产品。

(6)微控制器执行的任务有限,一般较简单;而微处理器执行的任务包括软件开发、游戏开发、网站、文档制作等,一般较为复杂,需要更多的内存和速度,这就是为什么要与之一起使用外部ROM、RAM。

(7)微控制器基于哈佛架构,其中程序存储器和数据存储器是分开的;微处理器基于冯·诺伊曼模型,其中程序和数据存储在同一存储模块中。

【问题97】 MOSFET 是什么?

答 金属氧化物半导体场效应晶体管(MOSFET)如图5.13所示,通过改变电荷载流子(电子或空穴)流动的通道宽度来工作。通道越宽,设备的导电性就越好。

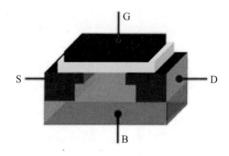

电荷载流子通过源极端子进入通道,并通过漏极离开。通道的宽度由栅极上的电压

图5.13 MOSFET结构

控制,栅极位于源极和漏极之间,通过一层极薄的金属氧化物层与通道隔离。

【问题98】 MOSFET 如何工作?

答 MOSFET 有两种不同的工作模式:

(1)耗尽模式:当栅极上没有电压时,通道显示其最大导电性。当栅极上的电压为正或负时,通道的导电性会降低。

（2）增强模式：当栅极上没有电压时，设备不导电。栅极上的电压越高，器件的导电性就越好。

【问题 99】 请画出耗尽型和增强型 NMOS 和 PMOS 的特性。

答 NMOS 和 PMOS 的特性如图 5.14 所示。

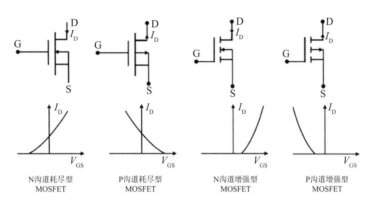

图 5.14 MOSFET 的类型

【问题 100】 请画出 MOSFET 的 $I-V$ 特性。

答 MOSFET 的 $I-V$ 特性如图 5.15 所示。

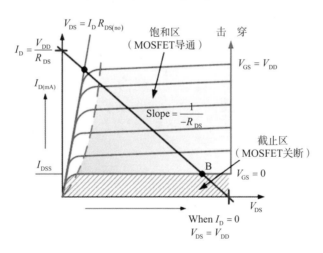

图 5.15 MOSFET 的 $I-V$ 特性

【问题 101】 什么是夹断电压？

答 夹断电压是漏极到源极的电压，当漏极到源极电流几乎保持恒定时，JFET 进入饱和区，当栅极到源极电压为零时，漏极到源极的电压就是夹断电压。

【问题 102】 MOSFET 作为开关的原理是什么？

答 图 5.16 是 MOSFET 作为开关的原理图。在这个电路中，一个增强型 N 沟道 MOSFET 被用来控制灯的开关。栅极端子上的正向电压施加到晶体管的基极时，灯就会亮起（$V_{GS} = +V$），VGS 为 0 时，器件关闭。如果用电感性负载代替灯的电阻性负载，需要将其连接到受负载保护的继电器或二极管上。图 5.16 是一个非常简单的用于开关电阻性负载（如灯或 LED）的电路。使用 MOSFET 来开关电感性负载或电容性负载时，需要对 MOSFET 器件采取保护措施。如果没有给予 MOSFET 器件保护，就容易损坏器件。为了使 MOSFET 用作模拟开关器件，需要在截止区（$V_{GS} = 0$）和饱和区（$V_{GS} = +V$）之间进行切换。

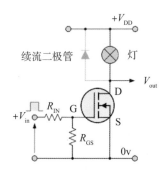

图 5.16 MOSFET 作为开关

【问题 103】 MOSFET 中的前向跨导是什么？

答 MOSFET 中的前向跨导是漏极电流（I_d）与栅源电压变化（$V_{GS} - V_{GS}(th)$）的比值。在 MOSFET 开关电路中，前向跨导确定了栅源电压的钳位电压水平，从而影响开启和关闭过程中的 $\dfrac{\mathrm{d}V_{DS}}{\mathrm{d}t}$。

【问题 104】 MOSFET 的三个工作区是什么？

答 MOSFET 的三个工作区如下所示：

（1）截止区：当栅源电压（V_{GS}）＜阈值电压（V_{th}）时，MOSFET 处于关断状态，$I_D = 0$，晶体管作为一个开关打开，不管 V_{DS} 的值如何。

（2）线性区：当栅源电压（V_{GS}）＞阈值电压（V_{th}）且尚未达到饱和条件（$V_{DS} < V_{GS}$）时，晶体管处于其恒阻区，表现为电压控制电阻，其电阻值由栅源电压（V_{GS}）确定。

（3）饱和区：当栅源电压（V_{GS}）＞阈值电压（V_{th}）且达到饱和条件（V_{DS} ＞ V_{GS}）时，晶体管处于恒定电流区，MOSFET 处于导通状态。I_D 为最大值，晶体管作为闭合开关。

【问题 105】 请画出 BJT 的 $I\text{-}V$ 特性曲线。

答 BJT 的 $I\text{-}V$ 特性曲线如图 5.17 所示。

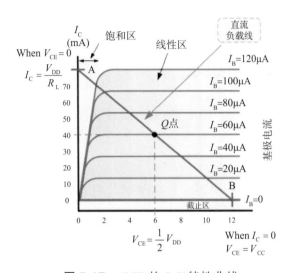

图 5.17 BJT 的 $I\text{-}V$ 特性曲线

输入信号为零时，电路处于直流工作状态，这些直流电流、电压的数值在三极管特性曲线上表示为一个确定的点，这个点就是 Q 点（静态工作点）。Q 点的位置对于放大器的性能和稳定性有着很大的影响。如果 Q 点的位置不正确，将会导致放大器的输出信号失真或偏移。因此，在设计放大器时，需要仔细调整 Q 点的位置，以确保放大器的最佳性能和稳定性。

【问题 106】 什么是齐纳二极管？

答 齐纳二极管，也称为稳压二极管，一种在反向特性击穿前具有高组态的半导体器件，但是在击穿后会呈现低阻态，到达低阻态时随着电流的增加电压维持在一个恒定值。

图 5.18 显示了齐纳二极管的 $V\text{-}I$ 特性。正向偏置时，二极管充当普通二极管。当反向电压达到预定值时，反向电流急剧增加，发生齐纳击穿。

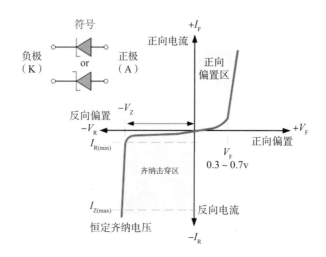

图 5.18 齐纳二极管

【问题 107】 什么是施密特触发器?

答 施密特触发器是一种具有双阈值的比较器电路,能够将输入信号从模拟域转换为数字域,通过正反馈实现滞回特性,可以抑制输入信号中的噪声和抖动,从而提供可靠的输出信号。当输入超过某一阈值时,输出增加到稳定的最大值,当输入电压低于另一个阈值时,输出几乎降至零,如图 5.19 所示。

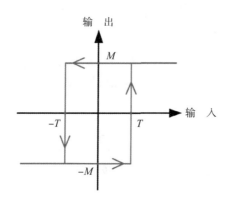

图 5.19 施密特触发器

【问题 108】 请画出 BJT 的 CE、CB 和 CC 配置。

答 图 5.20 显示了 BJT 的 CE、CB 和 CC 配置。

CE 配置的输出特性如图 5.21 所示。

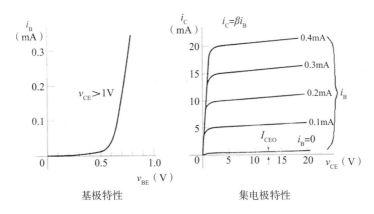

基本电路	共发射极	共集电极	共基极
电压增益	高	1	高，与 CE 相同
电流增益	高	高	1
功率增益	高	适中	适中
相位反转	是	否	否
输入阻抗	适中 ≈1k	高 ≈300k	低 ≈50Ω
输出阻抗	适中 ≈50kΩ	低 ≈300Ω	高 ≈1MΩ

图 5.20 BJT 的 CE、CB 和 CC 配置

图 5.21 BJT 的输出特性

【问题 109】 BJT 中 α 和 β 之间存在什么关系？

答 CB 电路中电流增益用 α 表示，是集电极电流与发射极电流的比值：

$$\alpha = \frac{I_C}{I_E} < 1, \quad 例如 \ \alpha = 99\% \approx 1$$

CE 电路中的电流增益用 β 表示，是集电极电流与基极电流的比值：

$$\beta = \frac{I_C}{I_B} = \frac{\alpha I_E}{(1-\alpha) I_E} = \frac{\alpha}{1-\alpha}$$

【问题 110】 请解释 VLSI 设计中不同层次的验证。

答 简单来说，验证分为硅前验证和硅后验证。硅前验证通常用于前端，即对 RTL 的实际验证，主要使用 SystemVerilog/Verilog 和 OVM、UVM 等方法。这里最重要的一点是，在验证步骤中，验证工程师的输入是规范，他会检查 RTL 设计师是否对给定规范进行了相应的编码。

硅后验证是在硅片从实验室返回后使用的，团队打算检查芯片是否制造良好，并且仍然按照制造前预期的功能运行，没有错误。这里最重要的一点是，这里的输入不是来自规范，即我们不验证芯片是否符合规范，而是假设验证工程师已经做好了他的部分，我们在这里检查设备是否按照给定给制造厂的要求制造，从而验证硅片。

【问题 111】 什么是黑盒测试？

答 基于对软件规范的分析进行测试，而不涉及其内部工作原理，目标是测试组件与组件的发布要求的符合程度。

【问题 112】 试点测试和 Beta 测试有什么区别？

答 试点测试是建立在用户参与基础之上，测试人员要收集关于软件的反馈，包括用户的行为、结果和建议，然后将结果反馈给开发人员以进行处理。Beta 测试是将软件提供给一小部分用户使用，并收集他们的反馈意见以帮助改进软件。

【问题 113】 验收测试和系统测试有什么区别？

答 验收测试是根据"需求"检查系统，它与系统测试类似，整个系统都会被检查，但重要的区别在于测试重点的变化。验收测试检查系统是否会提供所请求的内容。系统测试检查规定的系统是否已交付。

【问题 114】 什么是缺陷？

答 实际结果与预期结果之间的差异称为缺陷，也就是说不满足用户确定需求的就叫做缺陷。

【问题 115】 什么是 Bug？

答 所谓 Bug，是指计算机软件或程序中存在的某种破坏正常运行能力的问题、错误，或者隐藏的功能缺陷。

【问题 116】 什么是 error？

答 程序无法处理的错误称为 error。

【问题 117】 缺陷有哪些不同类型?

答 缺陷的严重性反映了特定缺陷对软件产品产生影响的程度或强度。根据严重性指标,缺陷可进一步分类如下:

重要:被称为"重要"的缺陷需要立即关注和处理。重要缺陷直接影响关键和基本功能,可能会对软件产品或其功能产生影响,例如功能 / 整个系统的故障、系统崩溃等。

主要:主要缺陷影响软件产品核心和主要功能的缺陷。尽管这些缺陷不会导致系统完全失败,但可能会使软件的几个主要功能停止运行。

次要:次要缺陷对软件产品没有任何显著影响,这些缺陷的结果可能会在产品的工作中看到,但不会妨碍用户执行任务,可以使用其他替代方法来完成。

无关紧要:这些类型的缺陷对产品的工作没有影响,有时会被忽略和跳过,比如拼写或语法错误。

【问题 118】 质量保证、质量控制和测试之间有什么区别?

答 质量保证是在团队和组织内规划和定义监控和实施质量检测流程的过程,该方法定义并设置项目的质量标准。

质量控制是发现缺陷并提出改进质量建议的过程,质量控制使用的方法通常由质量保证建立。

实施质量控制是测试团队的主要责任。

测试是发现缺陷 / 错误的过程,验证开发团队构建的软件是否符合用户设定的要求和组织设定的标准。

【问题 119】 为什么将电源线路布线到顶层金属层?

答 顶层金属层的电阻率较低,因此在电源分配网络中看到的 IR-drop 较少。如果将电源线路布线到较低层的金属层,可能会造成布线拥塞。

【问题 120】 有哪些因素可以改善标准单元的传播延迟?

答 以下因素可以改善标准单元的传播延迟:

(1)通过增加驱动器的尺寸来改善输入转换。

(2)通过布局优化或缓冲来减少负载。

(3)如果允许,增加驱动强度或将其替换为 LVT(低阈值电压)单元。

【问题 121】 综合工具中有哪些时序优化的方式?

答 综合工具中的时序优化方式如下:

(1)逻辑优化:缓冲器大小调整、单元大小调整、层级调整、虚拟缓冲等。

(2)触发器之间更少的逻辑可以加快设计速度。

(3)优化单元的驱动强度,使其能够驱动更多负载,从而减少单元延迟。

(4)更好地选择设计组件(选择时序优化的设计组件)。

(5)如果允许,使用 LVT(低阈值电压)和 SVT(标准阈值电压)单元。

【问题 122】 解决拥塞 / 噪声的技术有哪些?

答 布线和布局拥塞都取决于网表中的连接性,更好的平面布局可以减少拥塞。

通过优化设计中网的重叠可以减少噪声。

【问题 123】 电路的 PVT 分析是什么,如何执行?

答 工艺电压温度(PVT)分析对于分析各种参数的模型随机失配非常重要,如晶体管的长度和宽度、供电电压、氧化物的厚度、温度和阈值电压。可以使用 Cadence 进行蒙特卡罗分析来完成。

【问题 124】 请写出蒙特卡罗分析的步骤。

答 图 5.22 ~ 图 5.24 是蒙特卡罗分析的步骤。

(1)在 Cadence Virtuoso 中打开电路原理图。

(2)转到"文件",点击"ADEXL"。

(3)即使之前没有进行过此分析,也要点击"打开现有"。默认情况下会打开一个新窗口,但如果您有现有视图,则不会覆盖它。

(4)点击"测试",然后点击"添加测试"。还有几种其他添加新测试的方法,比如点击"创建",然后"测试"。点击工具栏中的黄色图标。

(5)可以选择整个原理图来运行分析,也可以选择特定的组件。

(6)如果之前保存过分析,请点击"会话"和"加载状态"。要添加新测试,请点击"设置""模型库",并添加所需的库文件。通常,库文件是用 scheme 语言编写的。

图 5.22 使用 CadenceVirtuoso 的步骤

图 5.23 CadenceVirtuoso 中的模型库

（7）添加设计变量，在设计变量窗口中右键单击，然后单击"从单元视图复制"。

（8）单击"分析"，然后选择所需的分析。这里选择了直流分析和瞬态分析。

（9）单击"输出""要绘制的内容"，然后在原理图上选择要绘制的输出。

（10）保存会话，然后再次转到 ADEXL 窗口。

（11）单击下拉菜单旁边的绿色图标，上面写着"蒙特卡洛抽样"，打开一个窗口，如图 5.24 所示。

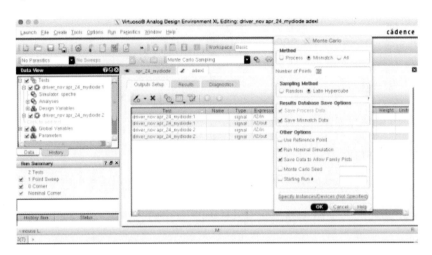

图 5.24 蒙特卡罗分析的步骤

（12）输入点数，例如，运行 65 次分析。

（13）选择"运行标称模拟"，以运行一个测试分析。

（14）单击"确定"开始模拟。

（15）一旦模拟完成，您将看到图形窗口显示所有结果。

【问题 125】 VLSI 工程师有哪些类型?

答 VLSI 工程师有如下类型:

（1）设计工程师：接受规格，定义架构，进行电路设计，运行模拟，与后端工程师合作完成布局布线，将芯片送到晶圆厂，在芯片从晶圆厂返回时评估原型。

（2）产品工程师：在设计阶段参与项目，确保可制造性，制定特性计划、装配指南、质量和可靠性计划，与设计工程师从表征、可靠性鉴定和制造良率的角度（统计数据分析）评估芯片。产品工程师负责生产发布，被视为项目的团队领导。在后期生产阶段，产品工程师负责客户退货后的故障分析和纠正措施，包括设计更改。

（3）测试工程师：根据规格和数据表为芯片制定测试计划，为台式测试或 ATE（自动测试设备）创建特性化和生产程序，设计测试板硬件，将 ATE 结果与台式结果相关联，以验证硅片并与仿真结果进行比较。

（4）应用工程师：根据营销投入，在客户端从系统角度定义新产品。确保芯片在客户设计或使用的系统中正常工作，并符合适当的标准（如以太网、SONET、Wi-Fi 等）。负责所有客户技术支持、固件开发、评估板、数据表等。

（5）工艺工程师：这是一个涉及新晶圆工艺开发、器件建模和大量研究与开发项目的高度专业化的岗位。

（6）封装工程师：这是另一个高度专业化的岗位。开发精密封装技术，为芯片设计新的封装方案，进行新封装的特性化和建模。

（7）CAD 工程师：这是一个支持设计工程职能的岗位。负责获取、维护或开发设计工程师使用的所有 CAD 工具。大多数公司购买商用 CAD 工具进行原理图捕获、仿真、综合、测试矢量生成、布局、参数提取、功耗估算和时序闭合，但有时这些工具需要某种类型的定制。CAD 工程师需要精通这些工具的使用，能够编写自动化软件脚本以实现尽可能多的功能，并对整个设计流程有清晰的理解。

【问题 126】 什么是电子振荡器？

答 电子振荡器是一种产生周期性振荡电子信号的电子电路，电子荡器产生的电子信号通常是正弦波或方波。电子振荡器将电源中的直流电（DC）转换为交流信号，广泛应用于许多电子设备中。

【问题 127】 什么是环形振荡器？

答 环形振荡器如图 5.25 所示，是由奇数个反相器组成的装置，其输出在两个电压级别之间振荡，代表真和假。这些反相器被连接成链，并且最后一个反相器的输出被反馈到第一个反相器中。

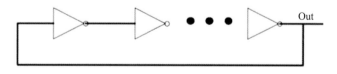

图 5.25 环形振荡器

总的振荡周期 = 反相器个数 × 单个反相器的延迟

由于设计简单且易于使用，环形振荡器被用作建模和设计新的半导体工艺的原型电路。环形振荡器也是时钟恢复电路的一部分。

【问题 128】 模拟设计和数字设计的基本区别是什么?

答 模拟设计比数字设计更具挑战性,因为模拟电路对噪声、工作电压、负载条件,以及其他严重影响性能的条件非常敏感,即使工艺技术对电路也存在一定的拓扑限制。模拟设计师必须处理实时连续信号,即使是在恶劣环境和严酷工作条件下,也要有效地操纵它们。

数字设计相对容易,并且对噪声具有很强的抗干扰能力。模拟设计中没有自动化的空间,因为每个应用都需要不同的设计,而数字设计可以自动化。模拟电路通常处理电压和电流的瞬时值(实时),它可以在设备规格的域内取任何值,由无源元件组成,这些元件会对电路的噪声(热噪声)产生影响,通常更容易受到外部噪声的影响。对于特定功能,模拟设计使用的晶体管要少得多,在处理不同工艺角和温度范围时,给设计人员带来不小的挑战。

因为晶体管的逻辑电平只有 0 和 1 两种,因此数字电路只处理两个逻辑电平 0 和 1,更容易实现复杂的设计,逻辑综合更灵活,电路速度也更快,尽管代价是更大的功耗。数字电路对噪声不太敏感。数字电路的设计和分析取决于时钟,挑战在于消除时序和负载延迟,并确保没有建立时间违例或保持时间违例。

【问题 129】 什么是固定型故障?

答 固定型故障是故障模拟器和自动测试模式生成(ATPG)工具使用的特定故障模型,用于模拟集成电路中的制造缺陷。假定个别信号和引脚被卡在逻辑 1、0 和 X 状态,例如,在测试生成过程中,将输出连接到逻辑 1 状态,以确保可以通过特定的测试模式找到具有该类型行为的制造缺陷。同样,输出可以连接到逻辑 0,以模拟无法切换其输出引脚的有缺陷电路的行为。

【问题 130】 什么是物理验证?

答 物理验证主要包括 DRC(设计规则检查)、LVS(布局与原理图一致性)检查、XOR 检查、ERC(电气规则检查)和天线检查。

DRC 就是检查芯片布局是否满足设计规则,设计规则是半导体制造商提供给设计者的一组参数,用于验证掩模集的正确性,设计规则根据半导体制造过程而变化。这个规则集描述了几何和连通性方面的某些限制,以确保设计具有足够的余量来处理制造过程中的任何变化。DRC 包括最小间距检查、最小特征尺寸检查、层间对齐检查、通孔(Via)与导体的间距检查、走线宽度与间距等。

LVS 检查的核心目标是确保布局与原理图之间的连接和电气特性是一致的，这种一致性检查包括硬检查和软检查两方面。硬检查要求每个元件、连线、晶体管等在布局和原理图之间的物理位置和连接必须精确匹配，这是一种严格的一致性检查。软检查则相对灵活，允许一定的不匹配存在。

XOR 检查是通过对布局几何图形进行异或操作来比较两个布局数据库 / GDS。这个检查结果是一个数据库，其中包含两个布局中所有不匹配的几何图形。这个检查通常在金属层旋转后运行，在这种情况下，重新旋转的数据库 / GDS 与先前输出的数据库 /GDS 进行比较。

ERC 是检查设计中所有阱和衬底区域的正确接触和间距，从而确保正确的电源和地面连接。ERC 还涉及检查未连接的输入或短接的输出。

天线检查用于限制在制造过程中由于在某些制造步骤（如等离子刻蚀）期间在互连层（金属、多晶硅）上积聚电荷而导致的薄栅氧化物的损坏。天线是一种金属互连，即像多晶硅或金属这样的导体，在晶片加工步骤中与硅或接地没有电气连接。如果与硅的连接不存在，电荷可能会在互连上积聚到快速放电发生并导致薄的晶体管栅氧化物发生永久性物理损坏的程度。这种快速而破坏性的现象被称为天线效应。

【问题 131】 半导体器件制造涉及哪些步骤?

答 半导体器件制造需要上百道工艺，下面列举其中一些步骤：

（1）晶圆加工。

（2）湿法清洗。

（3）光刻。

（4）离子注入（其中掺杂剂嵌入晶圆，形成增加（或减少）导电性的区域）。

（5）干法刻蚀。

（6）湿法刻蚀。

（7）等离子灰化。

（8）快速热退。

（9）火炉退火。

（10）热氧化。

（11）化学气相沉积（CVD）。

（12）物理气相沉积（PVD）。

（13）分子束外延（MBE）。

（14）电化学沉积（ECD）。

（15）化学机械平整化（CMP）。

（16）晶圆测试（用于验证电气性能）。

（17）晶圆背面研磨（以减小晶圆厚度，使得最终芯片可以放入像智能卡或 PCMCIA 卡这样的薄设备中）。

（18）芯片准备。晶圆定位。

（19）芯片切割。

（20）IC 封装。

（21）芯片连接。

（22）IC 键合。

（23）线键合。

（24）翻转。

（25）芯片标签。

（26）键合。

（27）IC 封装。

（28）烘烤。

（29）电镀。

（30）激光标记。

（31）修剪和成型。

（32）IC 测试。

【问题 132】 请列举不同类型的逻辑器件类别。

答 下面按照发明的大致时间顺序列出逻辑家族及其通常的缩写：

（1）二极管逻辑（DL）。

（2）直接耦合晶体管逻辑（DCTL）。

（3）互补晶体管逻辑（CTL）。

（4）电阻－晶体管逻辑（RTL）。

（5）电阻－电容晶体管逻辑（RCTL）。

（6）二极管－晶体管逻辑（DTL）。

（7）发射极耦合逻辑（ECL），也称为电流模式逻辑（CML）。

（8）晶体管 – 晶体管逻辑（TTL）及其变种。

（9）P 型金属氧化物半导体逻辑（PMOS）。

（10）N 型金属氧化物半导体逻辑（NMOS）。

（11）互补金属氧化物半导体逻辑（CMOS）。

（12）双极互补金属氧化物半导体逻辑（BiCMOS）。

（13）集成注入逻辑（I2L）。

【问题 133】 集成电路封装有哪些不同类型？列举任意 10 种类型。

答 集成电路有许多种封装类型，包括 BGA1、BGA2、球栅阵列、CPGA、陶瓷球栅阵列、DIP-8、芯片固定、双扁平无引脚、双列直插封装、平片封装、网格阵列、无引线芯片载体、微型 FCBGA、多芯片模块、引脚阵列、单列直插封装、表面贴装技术、穿孔技术、锯齿直插封装等。

【问题 134】 什么是衬底耦合？

答 在集成电路中，信号通过衬底从一个节点耦合到另一个节点，这种现象被称为衬底耦合。衬底耦合问题是现代集成电路设计中的一个重要问题，对于芯片性能的影响是非常明显的。因此，在芯片的设计过程中，必须考虑到衬底耦合的影响，采取相应的措施进行规避和解决，这样才能保证芯片的高可靠性、高精度、低噪声等性能要求。

【问题 135】 什么是闩锁效应？

答 闩锁效应是指 CMOS 电路中所固有的寄生双极晶体管在一定的条件下被触发导通，在电源和地之间存在一个低阻抗大电流通路，由于正反馈电路的存在而形成闩锁，导致电路无法正常工作，甚至烧毁电路。NMOS 的有源区、P 衬底、N 阱、PMOS 的有源区构成 NPNP 结构，当其中一个三极管正偏时，就会构成正反馈，这种反馈会导致电流在两个管子构成的回路中不停地被放大，从而引起芯片的闩锁效应。

【问题 136】 什么是晶体振荡器？

答 晶体振荡器如图 5.26 所示，利用石英晶体的压电效应产生高度稳定的频率信号。

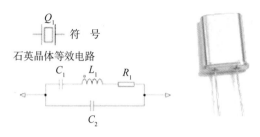

图 5.26　晶体振荡器

【问题 137】　什么是晶闸管？

答　晶闸管是一种固态半导体器件，具有四层交替的 P 型和 N 型材料。它仅作为双稳态开关，当门极接收到电流触发时导通，并持续导通直到器件两端的电压反向偏置或者电压被移除。

【问题 138】　电流控制器件和电压控制器件有什么区别？

答　电流控制器件是输出特性取决于输入电流的器件。电压控制器件是输出特性取决于输入电压的器件。

【问题 139】　什么是 IGBT？

答　绝缘栅双极晶体管（IGBT）是一种具有三个端口的半导体器件，主要用作电子开关，具有快速开关和高效率的特点，是现代电器（如灯管镇流器、变频驱动器）必不可少的组件。

IGBT 快速开启和关闭的能力使其适用于放大器，以处理脉宽调制的复杂波形。IGBT 结合了 MOSFET 和 BJT 的特性，具有 BJT 的大电流和低饱和电压能力，同时可以像 MOSFET 一样通过电压进行控制。

【问题 140】　IGBT 的工作原理是什么？

答　IGBT 只需要很小的电压来维持器件中的导通，不像 BJT 那样。IGBT 是单向器件，即只能在正向方向上开启，这意味着电流从集电极流向发射极，不像 MOSFET 是双向的。

【问题 141】　什么是周波变流器？

答　周波变流器指的是一种可以将交流电源从一种频率转换为另一种频率的频率变换器，这个过程被称为交流 – 交流转换，主要用于电力牵引、具有可变速度的交流电动机和感应加热。

【问题 142】 什么是线性电路元件?

答 线性电路元件指的是电路中表现出电流输入和电压输出之间线性关系的元件,例如电阻、电容器、电感器、变压器。

【问题 143】 电阻符号有哪些?

答 电阻符号如图 5.27 所示。

【问题 144】 电容器符号有哪些?

答 电容器符号如图 5.28 所示。

【问题 145】 电感器符号有哪些?

答 电感器符号如图 5.29 所示。

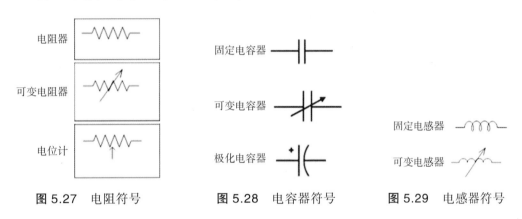

图 5.27 电阻符号　　　图 5.28 电容器符号　　　图 5.29 电感器符号

【问题 146】 变压器是什么?

答 变压器是通过线圈间的电磁感应,利用电磁感应定律,将一种电压等级的交流电能转换成同频率的另一种电压等级的交流电能,在电力系统中通常用于升高或降低交流电压。

当变压器的一次绕组电流变化时,其铁芯上会产生变化的磁通量,这些磁场会传播到变压器的二次绕组上。

如图 5.30 所示,变压器由一次绕组、铁芯、二次绕组构成。

变压器的符号如图 5.31 所示。

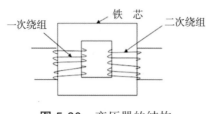
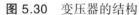

图 5.30　变压器的结构　　　　图 5.31　变压器的符号

【问题 147】　什么是太阳能电池？工作原理是什么？

答　太阳能电池是利用半导体材料的光电效应，将太阳能转换成电能的装置，如图 5.32 所示，在受到光照时会产生电流。

太阳能电池的工作原理如下：

（1）入射的光子被太阳能电池表面的半导体材料（在大多数情况下是硅）吸收。

（2）这些光子从太阳能电池中的原子中"击飞"电子。由于电子带有负电荷，因此产生电势差。

（3）太阳能电池的结构使电子只能朝一个方向移动以抵消电势。

（4）将许多这些反应放在一起，电流就开始在材料中流动。

【问题 148】　什么是 LED？

答　如图 5.33 所示，发光二极管（LED）是一种 PN 结二极管，由特殊半导体组成，能够将电能直接转换为光能。

其工作原理主要基于半导体材料的 PN 结特性。

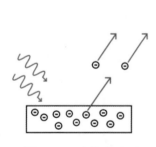

图 5.32　太阳能电池

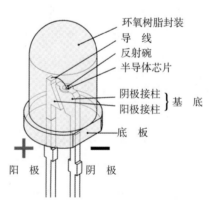

图 5.33　发光二极管

【问题 149】 LED 的工作原理是什么？

答 量子理论表明，当电子从高能级向低能级跃迁时，会释放出能量，这种能量以光子的形式存在，光子能量等于这两个能级之间的能隙。如图 5.34 所示，当正向电压施加在 LED 的 PN 结上时，将电子从 N 区推向 P 区，将空穴从 P 区推向 N 区，电流将通过二极管流动。连接处的电子和空穴发生复合，释放出能量，这些能量以光子的形式发射出来。

光子的能量是普朗克常数（h）和电磁辐射频率（f）的乘积：

$$E_q = hf$$

电磁辐射的速度等于光速（c），辐射频率与光速的关系为 $f = c/\lambda$（λ 是电磁辐射的波长），则上述方程可表示为

$$E_q = hc/\lambda$$

由上述方程可知，电磁辐射的波长与禁带宽度成反比。在硅、锗半导体中，这种禁带能量差在导带和价带之间，使得电磁波在复合过程中的总辐射呈红外辐射形式。我们看不到红外波长，因为它们超出了我们的可见范围。

红外辐射可以被视为物体发出的热量的一种形式，因为硅和锗半导体不是直接带隙半导体，而是间接带隙半导体，在电子和空穴复合过程中，电子从导带迁移到价带，电子带的动量将发生改变，其 V–I 特性如图 5.35 所示。

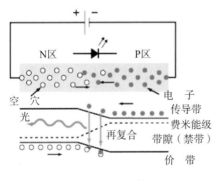

图 5.34 LED 的原理

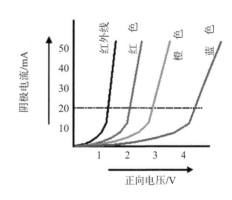

图 5.35 半导体能级

【问题 150】 什么是 LDR？

答 光敏电阻（LDR）是一种能够根据光照强度变化而改变电阻值的光敏元件，常用于用于光感应电路中，其外形、符号及特性曲线如图 5.36 所示。

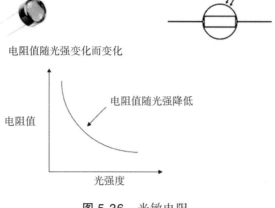

电阻值随光强变化而变化

电阻值随光强降低

电阻值

光强度

图 5.36　光敏电阻

【问题 151】　LDR 的应用有哪些？

答　光敏电阻有许多应用：

（1）照明开关：LDR 最典型的应用是在一定光照水平下自动开启灯光，例如，路灯或花园灯。

（2）相机快门控制：LDR 可以用于控制相机的快门速度，测量光强度，然后调整相机快门速度至适当水平。

【问题 152】　为什么在太阳能电池中使用硅？

答　硅是一种半导体材料，当它被镓和砷等杂质掺杂时，它捕获太阳能并将其转化为电能的能力得到显著提高。

【问题 153】　什么是多谐振荡器？

答　多谐振荡器是由两个放大晶体管或真空管组成的装置，每个晶体管的输出连接到另一个的输入，产生振荡信号。

【问题 154】　放大器和振荡器之间的区别？

答　放大器和振荡器的主要区别如下：

（1）功能不同：放大器用于放大电信号，而振荡器则用于产生交流电信号。

（2）基本结构不同：放大器的基本结构包括输入端、输出端和放大电路，而振荡器的基本结构包括振荡回路、放大器和反馈网络。

（3）用途不同：放大器通常用于放大音频、视频和射频信号等，而振荡器通常用于产生时钟信号、射频信号和音频信号等。

【问题 155】 为什么 CE 放大器被广泛使用?

答 共发射极(CE)是放大器电路中最基本的配置,它为前置放大器和功率放大器的大多数日常应用提供所需的电压增益。此外,对于给定负载,它还提供最大的跨导或电压增益。

【问题 156】 为什么 NPN 比 PNP 更受青睐?

答 NPN 中的多数载流子是电子,PNP 中的多数载流子是空穴。空穴和电子之间的区别在于迁移率(在施加电压时)、(有效)质量。NPN 因其多数载流子(电子)的快速迁移特性而更受青睐。

【问题 157】 为什么 FET 被命名为场效应晶体管?

答 FET 是一种利用控制输入电路的电场效应来控制输出电路电流的半导体器件,因此被称为场效应晶体管。当栅极与源极之间施加一个正电压(栅源正电压)时,栅源之间形成一个正偏压并在栅极表面形成一个用于控制电流的电场,这个电场会使沿着栅极-漏极之间的衬底表面形成一个可控的导电通道,从而允许电流流动。当栅源电压为零时,场效应晶体管处于截止状态,导电通道被阻断,源漏电流几乎为零。

【问题 158】 什么是截止频率?

答 截止频率是指当保持输入信号的幅度不变,改变其频率使输出信号降至最大值的 0.707 倍(即 -3dB 点)时的频率值。

【问题 159】 什么是整流器?

答 整流器是将交流(AC)转化为直流(DC)的装置,将交流电变成直流电的过程称为整流,整流分为半波整流、全波整流和桥式整流三种类型。

半波整流电路,只需要一个二极管即可构成,当交流电压为正时,二极管变为正向偏置,电流通过它流动。当电压为负时,二极管为反向偏置,电流停止。结果是交流电压波形的半个周期通过,另外半个周期被阻塞。

全波整流电路中,在半个周期内,电流流过一个整流器件(比如晶体二极管),而在另外半个周期内,电流流经第二个整流器件,并且两个整流器件的连接能使流经它们的电流以同一方向流过负载。全波整流使交流电的两个半周期都得到了利用,其输出的直流电压具有更高的平均值和频率,效率更高。

桥式整流电路采用四个二极管组成桥形电路，实现对输入电压的全波整流，适用于工作电压大、输出电流负载大的场合。

【问题 160】 什么是理想电压源？

答 理想电压源是指其输出端口所提供的恒定电势差（即恒定电压）不受外界环境影响，且其内部阻抗为零。这意味着无论负载如何变化，理想电压源都能够保持其输出端口上所提供的恒定电势差不变。

【问题 161】 什么是理想电流源？

答 理想电流源是一种在电路分析中经常使用的近似模型，它被定义为一个可以提供恒定输出电流并具有无限大内电阻的电路元件。理想电流源不受负载电阻影响，因此其输出电流始终保持恒定，与负载阻值无关。

【问题 162】 什么是实际电压源？

答 实际电压源是指在实际电路中使用的电源，它与理想电压源有一些差异。实际电压源的输出电压可能受到负载影响而发生变化，且存在内部电阻，这些因素导致实际电压源不能完全满足理想电压源的特性。

【问题 163】 什么是实际电流源？

答 实际电流源是理想电流源并联内阻的形式，其输出电流随着输出电压的增加而逐渐下降。这是因为在电流源内部，当输出电压增加时，电流源的内部阻抗也会增加，从而使得输出电流降低。实际电流源不允许开路，因其内阻大，若开路，电压很高，可能烧毁电源。

【问题 164】 电容器有哪些种类？

答 电容器的种类如图 5.37 所示。

【问题 165】 电容器的外形及符号有哪些？

答 电容器的外形及符号如图 5.38 所示。

【问题 166】 极性电容器和非极性电容器有什么区别？

答 极性电容器，也称电解电容器，是一种能够存储电荷的电容器，通常由两层铝膜构成，这两层铝膜之间的液体电解质就是其电容介质。在充电和放

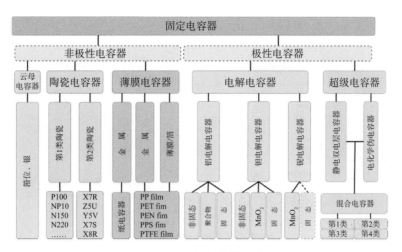

图 5.37 电容器的种类

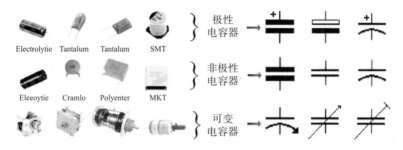

图 5.38 电容器的外形及符号

电过程中，液体电解质电离的离子会在两层铝膜之间的电场中移动，从而存储电荷。由于极性电容的极性很重要，因此在电路中连接时，必须按照正负极性连接。极性电容器的外形如图 5.39 所示。

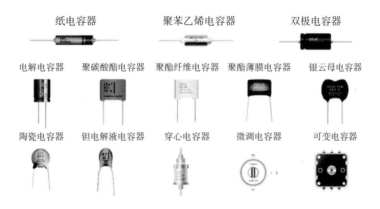

图 5.39 极性电容器

非极性电容器，也称无极电容器，通常由两片金属箔和一张塑料薄片夹在一起形成的电容器构成，其电介质通常为空气或聚乙烯等，没有正负极性，这意味着在接线时无需考虑极性方向，可以随意连接。由于没有正负极性，非极性电容器在电路中连接非常方便，但由于其电容值较小，所以应用范围相对较窄。

【问题167】 电阻器的外形有哪些？

答 各种电阻器的外形如5.40所示。

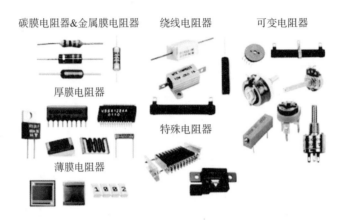

图5.40 电阻器的外形

【问题168】 传感器的外形有哪些？

答 各种传感器的外形如图5.41所示。

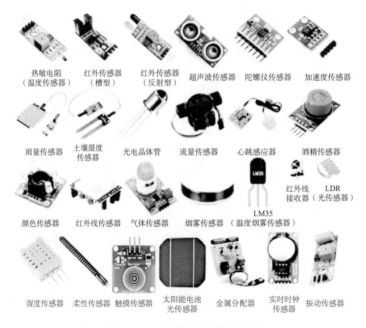

图5.41 各种传感器的外形

【问题 169】　光伏太阳能电池有哪些种类?

答　光伏太阳能电池的种类如图 5.42 所示。

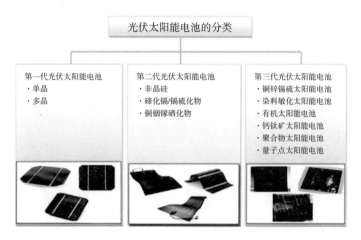

图 5.42　光伏太阳能电池的类型

【问题 170】　电容器泄漏的原因是什么?

答　电容器中有两种泄漏:

（1）电容器中电荷逐渐流失:介质材料不是完美的绝缘体,它具有微小但非零的电导率,因此它在电容器并联时起到大电阻的作用。泄漏也可能发生在连接到电容器的外部元件上,这种泄漏是动态随机存取存储器（DRAM）不断刷新导致的。

（2）电容器的电解液发生物理泄漏:电解电容器反向连接,或者由于制造缺陷导致内部短路,通过短路的高电流会产生气体,从而导致压力上升,打开安全排气口,释放电解液。安全排气口应该防止压力增加到整个电容器剧烈爆炸的程度,但有时在廉价电容器中会失效。电容器也可能因为外壳腐蚀而非暴力地泄漏电解液。

【问题 171】　电感器的外形有哪些?

答　电感器外形如图 5.43 所示。

【问题 172】　电感器的符号有哪些?

答　各种电感器的符号如图 5.44 所示。

电感器的串联和并联如图 5.45 所示。

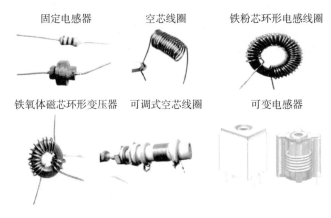

图 5.43 电感器的外形

固定 可变 空芯 铁芯 铁氧体磁芯

图 5.44 各种电感器的符号

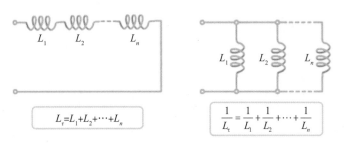

$$L_\tau = L_1 + L_2 + \cdots + L_n$$

$$\frac{1}{L_\tau} = \frac{1}{L_1} + \frac{1}{L_2} + \cdots + \frac{1}{L_n}$$

图 5.45 串联和并联配置

【问题 173】 光电子器件的外形有哪些?

答 各种光电子器件的外形如图 5.46 所示。

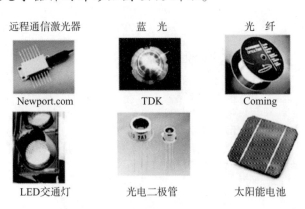

远程通信激光器 蓝 光 光 纤
Newport.com TDK Coming
LED交通灯 光电二极管 太阳能电池

图 5.46 各种光电子器件的外形

【问题 174】 什么是楞次定律？

答 当线圈中的电流发生变化时，会产生一个感应电动势，其方向总是试图阻止产生这一变化的磁通量的变化，这一现象称为楞次定律，如图 5.47 所示，开关关闭时，电源将电压加在电路两端，电流开始流动，这个过程中，如果电路中的磁通量发生变化，就会产生感应电流。根据楞次定律，这个感应电流的磁场会阻碍引起感应电流的磁通量的变化。这种阻碍作用确保了电路中的电流和磁场的变化受到一定的限制，不会无限制地增长或减少，从而保持了电路的稳定性和安全性。

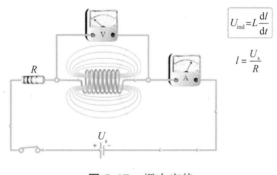

$$U_{ind}=L\frac{dI}{dt}$$

$$I=\frac{U_s}{R}$$

图 5.47 楞次定律

【问题 175】 什么是正弦波？

答 正弦波是交流电流和交流电压的基本形式，如图 5.48 所示。电流随时间周期性变化，在一个周期内，极性变化一次。交变电流或电压按正弦波完成一个正负变化所需的时间叫周期。

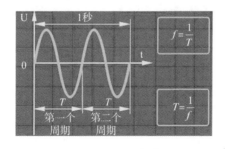

$$f=\frac{1}{T}$$

$$T=\frac{1}{f}$$

图 5.48 正弦波

交变电流或电压在每秒时间内按正弦波变化的周期次数叫频率（f），单位为赫［兹］（Hz）。频率和周期互为倒数。

【问题 176】 BJT 的 SOA 是什么？

答 安全工作区（SOA）定义了功率器件的电流和电压限制。图 5.49 显示了功率双极晶体管的典型安全工作区，分为四个部分：最大电流限制（a-b 段）和最大电压限制（d-e 段）由特定器件的技术特性和结构确定；最大功耗限制了晶体管电流和电压的乘积（b-c 段）；当器件关闭时，高电压和高电流同时出现时会发生二次击穿（c-d 段），此时，会形成热点并由于热失控而导致器件故障。

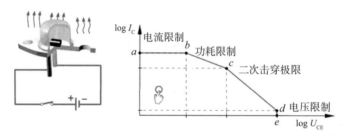

图 5.49 安全工作区

【问题 177】 MOSFET 和 IGBT 的 SOA 有什么区别？

答 由图 5.50 可知，MOSFET 和 IGBT 的 SOA 相似，由三个限制界定：电流限制（a-b 部分）、功率耗散限制（b-c 部分）和电压限制（c-d 部分）。

当 MOSFET 的温度升高时，漏极电流减小，发生二次击穿的可能性几乎不存在。如果发生局部加热，漏极电流和功耗都会随之减小，从而避免了产生可能导致热失控的局部热点。

图 5.50 展示了器件在脉冲模式下运行时，其 SOA 如何增加。当器件在直流模式下工作时，安全工作区最小。使用脉冲模式时，SOA 增加。脉冲信号越短，SOA 高。

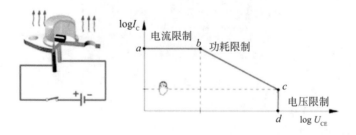

图 5.50 MOSFET 和 IGBT 的 SOA

【问题 178】 什么是最大功耗?

答 功率器件中的高电压和大电流会产生非常高的内部功耗, 这种损耗以热的形式发生, 必须散热, 否则设备可能因过热而被摧毁。最大功耗 P_{max} 表示设备在不过热的情况下传输和导通这种功率损耗的最大能力。

【问题 179】 最大功耗和温度之间有什么关系?

答 晶体管的最大功耗 P_{max} 取决于不会损坏器件的最高结 T_{jmax}。环境温度 T_a 和热阻 R_{thj-a} 如图 5.51 所示。

如果环境温度小于或等于 25℃, 则设备达到其最大额定功率。当环境温度升高时, 功率会降低。如果环境温度 T_a 达到最大结温 T_{jmax}, 则最大功耗 P_{max} 变为零。

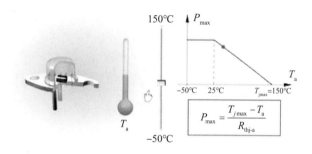

$$P_{max} = \frac{T_{jmax} - T_a}{R_{thj-a}}$$

图 5.51 最大功耗

【问题 180】 什么是散热片?

答 散热片通常是一个具有大表面积的金属结构, 容易将热量散发到环境中。增加器件额定功率的一种方法是减小热阻 (R_{thj-a}), 散热片可以降低 R_{thj-a}, 因为有更多的路径可用于散热。机壳到散热片的热阻 (R_{thc-s}) 和散热片到环境的热阻 (R_{ths-a}) 都有助于散热。因此, 如图 5.52 所示, 功率额定值增加。

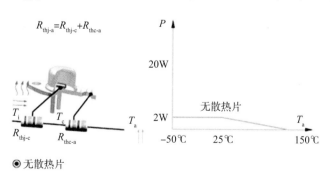

图 5.52 散热片

【问题 181】 什么是功率晶体管?

答 功率晶体管是一种用于控制大电流和高电压的半导体器件,通常采用硅材料制成,由 P 型、N 型半导体和控制端(Gate)三个区域组成,其中 N 型区域和 P 型区域之间存在 PN 结,具有低输出电阻和快速开关速度,可承受较高的输入电压和输出电流,广泛应用于电源、交流驱动器、电机控制、照明、无线电频率等领域。

【问题 182】 功率晶体管的作用有哪些?

答 功率晶体管具有低开关损耗、高开关速度、低漏电流和高电压能力等优点,广泛应用于现代电力电子装置中,其具体作用如下:

(1)控制电流:功率晶体管可以在其集电极和发射极之间形成一个可控制的电流通路,从而对电路的电流进行精确控制。

(2)放大信号:功率晶体管能够根据输入信号进行放大,并将其转化为相应的输出信号,从而实现信号的放大。

(3)开关功能:功率晶体管还可以通过不断地开启和关闭来控制电源的输出电压和频率,实现电源的升压、降压、变频等功能。

(4)节约能源:在控制电路中加入功率晶体管时,可以将电路中用于调节电压或电流的元器件数量减少,从而实现节约能源的目的。

【问题 183】 BJT、MOSFET 和 IGBT 的结构是什么?

答 图 5.53 展示了 BJT、MOSFET 和 IGBT 器件的典型结构。为了让 BJT 保持导通,基区需要通过高连续电流,这就需要高功率驱动电路。

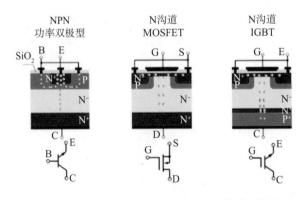

图 5.53 BJT、MOSFET 和 IGBT 的典型结构

MOSFET 和 IGBT 是电压控制器件。IGBT 比 MOSFET 多一个结,这使得

其具有更高的阻断电压，但限制了开关频率。在 IGBT 的导通过程中，来自集电极 P+ 区的空穴被注入 N- 区。积累的电荷降低了 IGBT 的导通电阻，因此集电极 – 发射极电压降也降低了。

【问题 184】 正弦波的瞬时值和峰值是什么？

答 如图 5.54 所示，正弦波上每一点的幅度称为正弦交流电的瞬时值，反映该点正弦交流电的大小；正弦波上幅度最大点的值称为峰值（U_p），峰值有两个，其中一个峰值为正，另一个峰值为负，两者大小相等；两个峰值之间的垂直量称为正弦交流电的峰 – 峰值（U_{pp}）；平均值是一个正弦波中所有值的算术平均值，其中 $U_{avr} = 0.637 U_p$

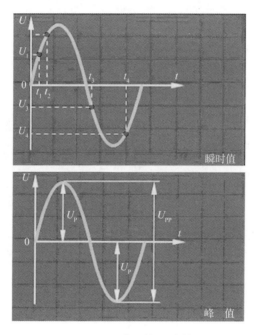

图 5.54 瞬时值和峰值

【问题 185】 什么是正弦波的有效值？

答 为了比较交流电压和直流电压，使用正弦电压的均方根（RMS）值来计算交流电压的有效值。如图 5.55 所示，正弦电压或电流的 RMS 值等于产生相同热效应的直流电压或电流，公式为 $U_{rms} = 0.707 U_p$，其中的 0.707 是所有正弦波的平方的平均（均值）的平方根。要从 RMS 转换为峰值，使用公式 $U_p = 1.414 U_{rms}$。除非另有说明，所有正弦波交流测量值均为 RMS 值。

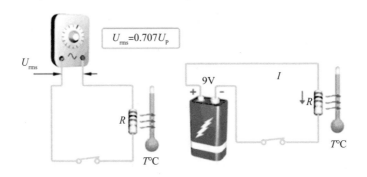

图 5.55 正弦波的有效值

【问题 186】 正弦波的相位角是多少?

答 正弦波的相位角可以与交流发电机的旋转角度相关联,如图 5.56 所示。交流发电机基于正弦波的完整周期需要旋转 360°。由于 360° =2π rad,因此相位角也可以使用弧度来表示。

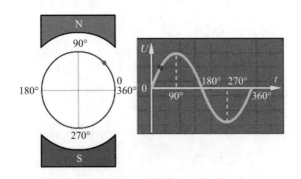

图 5.56 正弦波的相位角

【问题 187】 欧姆定律和基尔霍夫定律适用于交流电路吗?

答 如图 5.57 所示,欧姆定律和基尔霍夫定律在交流电路中的应用方式与它们在直流电路中的应用方式相同。如果在电阻上施加正弦电压,则会产生正弦电流。当电压为零时,电流也为零,当电压最大时,电流也最大。电压和电流相位相同。

在具有交流电压源的电阻电路中,电压源电压是所有电压降的总和,就像在直流电路中一样。请记住,电压和电流必须以相同的方式表示,即均为有效值、峰值等。

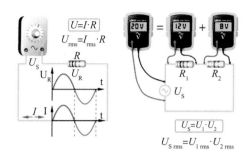

图 5.57 欧姆定律和基尔霍夫定律

【问题 188】 什么是非正弦交流波形？

答 脉冲波和三角波是电子学中广泛使用的另外两种主要信号类型。任何在固定间隔内重复的波形都是周期性的，周期用 T 表示。

如图 5.58 所示，三角波是一种连续并周期性的波形，其特点是在每个周期内呈现出一个三角形的形状，幅值在一个周期内从最小值逐渐增加到最大值，然后又逐渐减小到最小值。

脉冲波是一种非连续的波形，其特点是在一个极短的时间内有一个非常高的幅值，其他时间内幅值接近零。

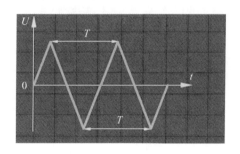

图 5.58 非正弦交流波形

【问题 189】 什么是面包板？

答 面包板是专为电子电路的无焊接实验设计制造的，各种电子元器件可根据需要随意插入或拔出，免去了焊接，节省了电路的组装时间，而且元件可以重复使用，非常适合电子电路的组装、调试和训练。由于板子上有很多小插孔，很像面包中的小孔，因此而得名。

【问题 190】 如何使用面包板进行串联和并联？

答 串联如图 5.59 所示。

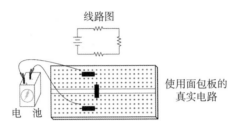

图 5.59　面包板上的串联

并联如图 5.60 所示。

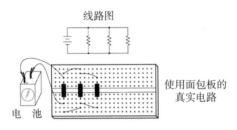

图 5.60　面包板上的并联

【问题 191】　什么是最坏情况电路分析?

答　最坏情况电路分析（WCCA）是一种电路评估方法，旨在确保在最不利的条件下，即使电路元器件参数发生最大可能的变化和漂移（例如由于初始、温度、老化、辐射等因素引起的元器件参数变化），电路仍能满足性能要求和工况条件（如环境、输入功率、负载变化、输出功率等）。通过最坏情况电路分析，可以保证电路在最坏的情况下仍能满足设计要求，从而降低电路无法满足任务要求的风险，并提高产品的可靠性。除了电路分析外，WCCA 通常还包括应力和降额分析、故障模式和影响重要性分析（FMECA），以及可靠性预测（MTBF）。

【问题 192】　对设计的验证和可靠性的需求是什么?

答　对设计的验证和可靠性的需求如下:

（1）验证电路操作并量化零件公差和工作条件下的操作裕度。

（2）改善电路性能，确定元件对某些特性或公差的敏感性，以更好地优化 / 理解设计并推动性能。

（3）验证电路与另一个设计的接口是否正确。

（4）确定零件故障或超出公差模式的影响。

【问题 193】 如何产生正弦波？

答 正弦波是通过交流发电机电磁产生或通过振荡电路电子产生的，后者用于信号发生器。图 5.61 是交流发电机的横截面，该发电机的简化模型由一个在永久磁场中的单圈导线组成。磁通线存在于磁铁的 S 极和 N 极周围。当导体穿过磁场旋转时，会产生电压。

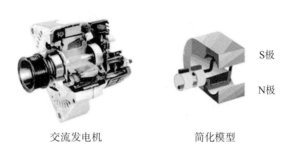

交流发电机　　　　　　简化模型

图 5.61　交流发电机

在水平起始位置，环路不会产生电压，因为导体没有切割磁通线。当环路通过循环圆圈的四分之一时，它切割磁通线产生最大的感应电压。在循环圆圈的第二个四分之一时，电压从正最大值减少到零。在剩下的半个圆圈中，导线环以相反方向穿过磁场。因此，感应电压具有相反的极性。

如图 5.62 所示，在完成一次完整旋转之后，正弦电压的一个完整周期已经完成。

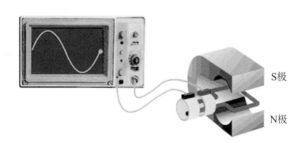

图 5.62　波形生成

【问题 194】 信号发生器和阴极射线示波器是什么？

答 信号发生器是一种能提供各种频率、波形和输出电平电信号的设备，其幅度和频率可以调节，典型的信号发生器如图 5.63 所示。

阴极射线示波器是一种基于阴极射线技术的电子测量仪器，通常由电子枪、偏转系统、荧光屏等组成。输入电信号进入阴极射线示波器后，电子枪会产生一个高速电子束，通过偏转系统对电子束进行精确控制，并在荧光屏上显示出相应的波形，以便于用户进行观察和分析。典型的阴极射线示波器如图 5.64 所示。

图 5.63　信号发生器

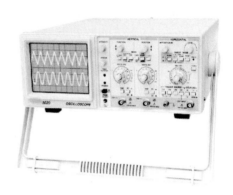

图 5.64　阴极射线示波器

【问题 195】　耦合电容与旁路电容的区别是什么？

　　答　耦合电容的主要作用是隔直通交，即在电路中隔离直流信号，允许交流信号通过；旁路电容主要作用是滤除输入信号中的高频噪声，以提高信号的纯度，通常并联在需要处理的电路元件旁边，提供一个低阻抗的路径。图 5.65 中，C_1、C_3 是耦合电容，C_2 是旁路电容，

【问题 196】　什么是 SoC？

　　答　片上系统（SoC），顾名思义，在单个芯片上集成一个完整的系统，具有高集成性、低功耗设计、高性能和可靠性、灵活的开发环境，以及低开发成本和小尺寸等优势。图 5.66 是 SoC 示意图。

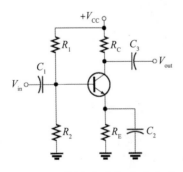

图 5.65　耦合电容与旁路电容

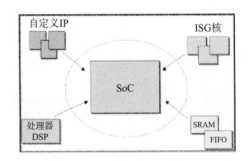

图 5.66　SoC 示意图

【问题 197】　什么是二极管？

　　答　二极管是一种只在一个方向导通电流的双端电子元件。二极管在一个

方向上具有低电阻，允许电流通过，而在另一个方向上具有高电阻，阻止电流流动。

图 5.67 所示是 PN 结二极管。PN 结是二极管的基本结构，具有单向导电性，当 PN 结正向偏置时，表现为低阻态，形成正向电流，二极管导通；当 PN 结反向偏置时，表现为高阻态，几乎没有电流流过。二极管这个名字来源于"二极"这个词，意思是具有两个电极。箭头指向正向偏置条件下传统电流流动的方向，这意味着阳极连接到 P 区，阴极连接到 N 区。

阳极（+）　　　　　　　　　　　　　阴极（−）

图 5.67　PN 结二极管

【问题 198】　二极管的主要用途有哪些？

答　二极管可以用作整流器、信号限幅器、电压稳压器、开关、信号调制器、信号混频器、信号解调器和振荡器等。

【问题 199】　二极管的基本原理是什么？

答　P 型半导体和 N 型半导体形成 PN 结，在 PN 结两侧形成空间电荷层，并且有自建电场，当外界有正向电压偏置时，外界电场与自建电场的互相抑消作用使载流子的扩散电流增加引起了正向电流（导电的原因）。当外界有反向电压偏置时，外界电场与自建电场进一步加强，形成在一定反向电压范围内与反向偏置电压值无关的反向饱和电流（不导电的原因）。

【问题 200】　为什么说二极管在反方向具有高电阻，而不是无限电阻？

答　外加反向电压不超过一定范围时，通过二极管的电流是少数载流子漂移所形成的反向电流。由于反向电流很小，二极管处于截止状态。反向电压增大到一定程度后，二极管反向击穿，此时可以在反向方向导电（即"高电阻"方向），这就是二极管在反方向具有高电阻而不是无限电阻的原因。

【问题 201】　正向偏置下 PN 结二极管的工作原理是什么？

答　在正向偏置下，如图 5.68 所示，电源正极连接 P 区，负极连接 N 区，如果我们从零开始缓慢增加电压，二极管将处于正向偏置状态。起初，二极管中没有电流流动，这是因为尽管在二极管上施加了外部电场，但大多数载流子并没有足够的影响力穿过耗尽区。耗尽区对大多数载流子起到了势垒作用，这个势垒被称为正向势垒。只有当外部电压大于正向势垒的电位时，大多数载流子才开始穿过正向势垒，此时二极管表现出短路现象，电流可以无阻碍地通过二极管。对于硅二极管，正向势垒电位为 0.7V，对于锗二极管，正向势垒电位为 0.3V。

【问题 202】　反向偏置下 PN 结二极管的工作原理是什么？

答　电源的负极连接 P 区，正极连接 N 区，P 区的空穴在电源负电位的静电吸引力的作用下向 N 区移动，使 P 区出现负离子区。同样地，N 区的自由电子向电源的正极移动，使 N 区出现正离子区。随着扩散运动的进行，耗尽区变得更宽。如图 5.69 所示。在这种状态下，内电场增强，其方向由 N 区指向 P 区，渐渐没有载流子的浓度差，正好阻止扩散运动的进行。

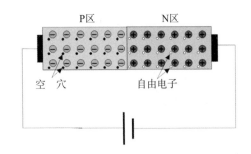 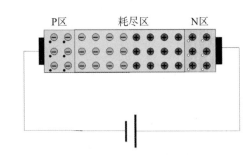

图 5.68　PN 结二极管的偏置　　　　　图 5.69　PN 结二极管原理

反向偏置下，外加电压与内建电场方向相同，会增加耗尽层的宽度和势垒电压，使得多数载流子更难跨越 PN 结，因此，会有一个很小的反向电流通过。反向电流主要由少数载流子组成，即 P 区的少数电子和 N 区的少数空穴。

如果二极管上的反向电压增加到超出安全值，由于更高的静电力和更高的少数载流子与原子碰撞的动能，将破坏共价键，在二极管中贡献大量的自由电子–空穴对，这个过程是逐步累积的。这样产生的大量电荷载流子会在二极管中贡献巨大的反向电流。如果这个电流没有被连接到二极管电路的外部电阻限制，二极管可能会永久损坏。

【问题 203】　二极管有哪些种类？

答　二极管分为齐纳二极管、PN 结二极管、隧道二极管、变容二极管、肖特基二极管、光电二极管、PIN 二极管、激光二极管、雪崩二极管、发光二极管等。

【问题 204】 什么是齐纳二极管?

答 如图 5.70 所示,齐纳二极管是一个反向偏置的 PN 结二极管。实际上普通的 PN 结二极管在反向偏置条件下不被用作齐纳二极管。齐纳二极管是一种特别设计的、高度掺杂的 PN 结二极管。

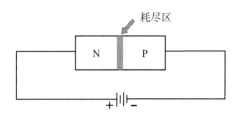

图 5.70 齐纳二极管

当 PN 结二极管反向偏置时,随着反向偏置电压的持续增加,耗尽区会变得更宽。同时,由于少数载流子的漂移,会产生一个恒定的反向饱和电流。

当反向电压较高时,结内电场增强,使结内的少数载流子获得较大的动能,具有足够动能的自由电子与耗尽区的静止离子碰撞,击出更多的自由电子。这些新产生的自由电子也由于相同的电场获得足够的动能,并通过碰撞产生更多的自由电子。在这种累积的作用下,耗尽区中将产生大量的自由电子,整个二极管将变得导电,这种击穿被称为雪崩击穿,但这种击穿并不十分明显。

在耗尽区中存在另一种比雪崩击穿更尖锐的击穿方式,称为齐纳击穿。当 PN 结二极管高掺杂时,晶体中杂质原子的浓度会很高。这种更高浓度的杂质原子导致耗尽区中离子的浓度更高,因此对于相同的反向偏置电压,耗尽区的宽度比通常掺杂的二极管要薄。这种较薄的耗尽区中的电压梯度或电场强度非常高。如果继续增加反向电压,达到一定值时,耗尽区内的共价键中的电子会跳出来,使耗尽区导电,这种击穿称为齐纳击穿,击穿发生时的电压称为齐纳电压。

如果二极管两端施加的反向电压大于齐纳电压,则二极管将为电流提供导通路径,不会发生进一步的雪崩击穿。理论上,齐纳击穿发生在比二极管雪崩击穿更低的电压水平上。齐纳击穿比雪崩击穿要尖锐得多。二极管的齐纳电压在制造过程中通过必要和适当的掺杂进行调整。

当齐纳二极管跨接在电压源上,并且源电压大于齐纳电压时,齐纳二极管两端的电压保持不变,而与源电压无关。尽管在这种情况下,通过二极管的电流可以是任何值,具体取决于与二极管连接的负载。这就是为什么我们主要使用齐纳二极管来控制不同电路中的电压。

当齐纳二极管连接在电压源上，并且电压源电压高于齐纳电压时，齐纳二极管两端的电压保持不变，不受电压源电压影响。在这种情况下，通过二极管的电流可以根据连接在二极管上的负载而任意取值。这就是为什么我们主要使用齐纳二极管来控制不同电路中的电压。齐纳二极管的 V–I 特性如图 5.71 所示，当二极管处于正向偏置时，该二极管表现为普通二极管，但当反向偏置电压大于齐纳电压时，会发生急剧的击穿。在 V–I 特性图中，V_Z 是齐纳电压，也是拐点电压，因为在这一点，电流增加非常迅速。

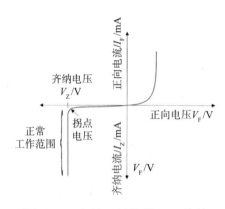

图 5.71 齐纳二极管的 V–I 特性

【问题 205】 PN 结二极管的特性方程是什么?

答 下面考虑一下施主掺杂浓度为 N_D、受主掺杂浓度为 N_A 的 PN 结。施主原子提供自由电子而带正电荷变成正离子，受主原子提供空穴吸收自由电子变成负离子。因此，我们可以说自由电子的浓度（n）和施主掺杂浓度 N_D 相同，同样地，空穴的浓度（p）和受主掺杂浓度 N_A 也是相同的，即

$$n = N_D, \quad p = N_A$$

N 区中施主原子提供的自由电子穿过 PN 结扩散到 P 区并与空穴复合，同样，P 区中受主原子提供的空穴扩散到 N 区并与自由电子复合。在这个复合过程中，跨越 PN 结的电荷载流子（自由电子和空穴）会减少或耗尽，在 PN 结中间部位（P 区和 N 区交界面）产生一个很薄的空间电荷区（耗尽区），由空间电荷引起的结区间的电势差称为扩散电压。PN 结二极管上的扩散电压可以表示为：

$$V_D = \frac{kT}{e} \ln \frac{N_A N_D}{n_i^2}$$

扩散电压为自由电子从 N 区向 P 区、空穴从 P 区向 N 区进一步漂移创造了电位势垒，这意味着扩散电压阻止了电荷载流子穿过结区。这个区域由于自

由载流子的耗尽而具有很高的电阻。耗尽区的宽度取决于施加的偏置电压，耗尽区宽度与偏置电压之间的关系可以用泊松方程来表示：

$$W_D = \sqrt{\frac{2\varepsilon}{e}(V_D - V)\left(\frac{1}{N_A + \dfrac{1}{N_D}}\right)}$$

其中，ε 是半导体的介电常数；V 是偏置电压。

在正向偏置条件下，当结附近没有电位势垒时，自由电子进入 P 区，空穴进入 N 区，它们重新组合并在每次重新组合时释放一个光子。因此，将会有一个正向电流通过二极管。PN 结的电流表达式为：

$$I = I_s\left(e^{\frac{eV}{kT}} - 1\right)$$

这里，电压 V 施加在 PN 结上，总电流 I 通过 PN 结流过。I_s 为反向饱和电流；e 为电子电荷；k 是玻尔兹曼常数；T 是开尔文温度。

【问题 206】 请画出 PN 结二极管的 V-I 特性曲线。

答 当 V 为正时，PN 结为正向偏置；当 V 为负时，PN 结为反向偏置。当 V 为负且小于 V_{TH} 时，电流最小；当 V 超过 V_{TH} 时，电流突然变得非常高。电压 V_{TH} 被称为阈值电压或开启电压。对于硅二极管，$V_{TH} = 0.6V$。在对应于点 P 的反向电压下，反向电流会突然增加。这部分特性被称为击穿区域，如图 5.72 所示。

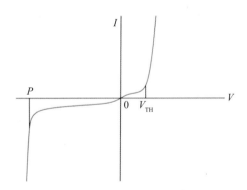

图 5.72 PN 结二极管的 V-I 特性

【问题 207】 什么是隧道二极管？隧道二极管的特性是什么？

答 如图 5.73 所示，隧道二极管也称江崎二极管，是一种可以高速切换的半导体,其切换速度可到达微波频率的范围,其原理是利用量子隧穿效应。由于其负斜率特性,隧道二极管常用于快速振荡器和接收器,但它不能用于大型集成电路,这就是为什么它的应用受到限制的原因。

P 区和 N 区的掺杂浓度非常高,为 $10^{24} \sim 10^{25} \mathrm{m}^{-3}$,PN 结也非常陡峭。因此,耗尽区宽度非常小。在隧道二极管的 $V\text{-}I$ 特性中,施加正向偏压时,我们可以找到一个负斜率区域。

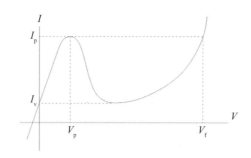

图 5.73 隧道二极管的 $V\text{-}I$ 特性

施加反向偏压时,P 区的费米能级高于 N 区的费米能级,电子从 P 区的价带隧穿到 N 区的导带,隧穿电流随着反向偏压的增加而增加。

施加正向偏压时,N 区的费米能级高于 P 区的费米能级,电子从 N 区隧穿到 P 区,隧穿电流远大于正常结电流。随着正向偏压的增加,隧穿电流增加直至达到一定限制。

当 N 区导带与 P 区价带相同时,隧穿电流达到最大值,随着正向偏压的进一步增加,隧穿电流减小,我们得到所需的负导通区域。当正向偏置进一步提高时,获得正常的 PN 结电流,该电流与施加的电压呈指数比例关系。

【问题 208】 隧道二极管的应用有哪些?

答 隧道二极管的应用如下:

(1)高频电路和微波电路:隧道二极管具有非常快速的响应速度和高灵敏度,常用于高频电路和微波电路中,如雷达系统和通信设备等。由于其灵敏度和响应速度远远优于传统的普通二极管和晶体管,因此隧道二极管可以有效地提高电路性能和稳定性。

(2)数字电路:隧道二极管的特殊结构使其可以实现闸门效应,即在某些电压下实现非常快速的电流开关,常用于数字逻辑电路、计数器和计时器等领域。此外,由于隧道二极管具有负电阻效应,还可以实现振荡作用和脉冲发生器等功能。

（3）其他领域：隧道二极管还可以应用于医疗设备、天文观测和核物理实验等领域，如粒子探测器和高能物理加速器等。

参考文献

［1］ http://www. signoffsemi. com/sign-off-checks.

［2］ Jacob Millman, Christos C. Halkias. Electronic Devices and Circuits. McGraw-Hill, 1967.

［3］ T F Bogart, J S Beasley, G Rico. Electronic devices and circuits. New Jersey: Pearson/Prentice Hall.

［4］ R A Gayakwad. Op-amps and linear integrated circuits (Vol. 25). Englewood Cliffs: Prentice-Hall, 1988.

［5］ https://www. electrical4u. com/diode-working-principle-and-types-of-diode/.

附　录

附录A　数字IC型号

序　号	数字逻辑	名　称	IC 型号
1	逻辑门	四路 2 输入与门	7408
2		四路 2 输入或门	7432
3		六反相器	7404
4		四路 2 输入与非门	7400
5		四路 2 输入或非门	7402
6		四路 2 输入异或门	7486
7		四路 2 输入异或非门	74266（TTL） 4077（CMOS）
8	多路复用器	2-1 多路复用器	74157
9		4-1 多路复用器	74153
10		8-1 多路复用器	74151
11		16-1 多路复用器	74150
12	多路分配器	1-2 多路分配器	74LVC1G19
13		1-4 多路分配器	74139
14		1-8 多路分配器	74138
15		1-16 多路分配器	74154
16	解码器	2-4 解码器	74155（TTL）
17		3-8 解码器	74137/74138
18		4-16 解码器	74154
19		BCD- 十进制解码器	7441
20		BCD- 七段解码器	7446/7447
21	编码器	8-3 优先编码器	74148
22		10-4 优先编码器	74147
23	数字比较器	4 位数值比较器	7485
24		8 位数值比较器	74682
25	触发器	SR 触发器	74279
26		JK 触发器	7470
27		JK 主从触发器	7471
28		D 触发器	7474/7479
29		T 触发器	7473
30	移位寄存器	8 位移位寄存器 （串行输入，串行输出）	7491
31		8 位移位寄存器 （串行输入，并行输出）	74164
32		16 位移位寄存器 （并行输入，串行输出）	74674
33		4 位移位寄存器 （并行输入，并行输出）	7495

续表

序　号	数字逻辑	名　称	IC 型号
34	A/D 转换器与 D/A 转换器	16 位 A/D 转换器	ADS5482（TI）
35		16 位 D/A 转换器	DAC8728（TI）
36	加法器和减法器	2 位全加器	7482
37		4 位全加器	7483
38		4 位全减器	74385
39	计数器	向上 / 向下二进制计数器	74191
40		向上 / 向下十进制计数器	74190
41		模 10 计数器	74416
42	可编程逻辑器件（PLD）	现场可编程门阵列（FPGA）	Spartan-6 Family, Artix-7 Family
43		复杂可编程逻辑器件（CPLD）	Altera 公司 MAX 7000 系列
44	存储器	16 位 RAM	7481/7484
45		64 位 RAM	7489
46		256 位 ROM	7488
47		512 位 ROM	74186
48		256 位 PROM（集电极开路输出）	74188
49		2048 位 PROM（集电极开路输出）	74470
50		2048 位 PROM（三态输出）	74471
51		1024 位 PROM（三态输出）	74287

附录B　Verilog HDL中使用的关键字、系统任务和编译指令列表

此列表由关键字、系统任务和编译器指令组成，所有关键字均以小写形式定义，系统任务是用于在仿真过程中生成输入和输出的任务和功能，编译指令用于控制 Verilog 描述的编译。参考 IEEE 标准 1364-2001，Verilog HDL。

关键字		系统任务	编译指令
always	module	$bitstoreal	`accelerate
assign	task	$countdrivers	`autoexpand_vectornets
begin	library	$display	`celldefine
fork	time	$fclose	`default_nettype
case	table	$fdisplay	`define
casex	specify	$fmonitor	`define
casez	join	$fopen	`else

关键字		系统任务	编译指令
buf	end	$fstrobe	'elsif
bufif0	endcase	$fwrite	'endcelldefine
bufif1	endtable	$finish	'endif
rtran	endprimitive	$getpattern	'endprotect
rtranif0	endmodule	$history	'endprotected
rtranif1	endspecify	$incsave	'expand_vectornets
defparam	endtask	$input	'ifdef
deassign	pull0	$itor	'ifndef
include	pull1	$key	'include
integer	pullup	$list	'noaccelerate
instance	pulldown	$log	'noexpand_vectornets
automatic	tri	$monitor	'noremove_gatenames
cell	tri0	$monitoroff	'nounconnected_drive
cmos	tri1	$monitoron	'protect
pmos	force	$nokey	'protected
nmos	forever	$stop	'remove_gatenames
and	real	$finish	'remove_netnames
or	reg	$write	'resetall
not	repeat	$rtoi	'timescale
nand	if	$readmemh	'unconnected_drive
nor	else	$readmemb	'undef
strong0	parameter	$hold	
strong1	primitive	$period	
supply0	wait	$skew	
supply1	wire	$timeformat	